暴雨山洪形成及其过程模拟技术

王协康 杨青远 刘兴年 许泽星 著

科学出版社
北 京

内 容 简 介

本书基于暴雨山洪的内涵，首次定义了暴雨山洪的概念，并将其划分为山洪洪水、山洪水沙及山洪泥石流三种主要类型，据此提出了不同类型暴雨山洪过程模拟技术。全书共五章，包括绪论、无资料地区小流域暴雨山洪设计洪水计算方法、降雨作用下模块化分布式水文模型、暴雨山洪过程模拟模型及典型暴雨山洪演进模拟分析。

本书融合典型暴雨山洪灾害案例分析，解析不同类型暴雨山洪灾害特征，构建山洪形成过程模拟模型，集知识性、科学性和实用性于一体，可供山洪灾害防治工作者、水利类及地质环境类工科院校师生、科研院所的科技人员参考使用。

图书在版编目(CIP)数据

暴雨山洪形成及其过程模拟技术 / 王协康等著. —北京：科学出版社，2022.12
ISBN 978-7-03-072520-2

Ⅰ.①暴… Ⅱ.①王… Ⅲ.①暴雨洪水–形成–过程模拟 Ⅳ.①P426.616

中国版本图书馆 CIP 数据核字 (2022) 第 102377 号

责任编辑：李小锐 / 责任校对：彭　映
责任印制：罗　科 / 封面设计：墨创文化

科学出版社 出版
北京东黄城根北街16号
邮政编码：100717
http://www.sciencep.com

成都锦瑞印刷有限责任公司 印刷
科学出版社发行　各地新华书店经销

*

2022 年 12 月第　一　版　开本：B5 (720×1000)
2022 年 12 月第一次印刷　印张：8 3/4
字数：172 000
定价：98.00 元
(如有印装质量问题，我社负责调换)

谨以此书献给恩师四川大学方铎教授

吾爱吾师，直至永远！

前　言

以全球变暖为主的气候变化已成为当今世界最重要的环境问题之一，在极端强降雨与山区复杂下垫面和强人类活动复合影响下，暴雨山洪灾害事件多发，世界上已有 100 多个国家将山洪灾害损失排在自然灾害的前两位，全球山洪灾害占自然灾害的 50%。中国是一个多山的国家，山区面积约占陆地面积的 2/3，山洪灾害频发，点多面广。自中华人民共和国成立以来，山洪灾害发生 5.3 万余次，已成为我国工农业、能源、交通、国防安全等国家重大工程基础建设、区域社会经济发展和人民生命财产安全面临的突出难题，暴雨山洪灾害研究仍是我国当前防洪减灾工作的重点和难点。例如，我国 2018～2021 年发生的典型特大山洪灾害事件（四川屏山"8·16"山洪灾害、四川汶川"8·20"山洪灾害、陕西洛南"8·6"山洪灾害、四川冕宁"6·26"山洪灾害、河南荥阳市"7·20"山洪灾害、湖北柳林镇"8·12"山洪灾害等），均造成了重大人员伤亡和巨大经济损失。

长期以来，我国的山洪灾害问题得到了党中央、国务院的高度重视。2002 年 9 月，中央领导同志对防御山洪灾害工作作出批示："山洪灾害频发，造成损失巨大，已成为防灾减灾工作中的一个突出问题。必须把防治山洪灾害摆在重要位置，认真总结经验教训，研究山洪发生的特点和规律，采取综合防治对策，最大限度地减少灾害损失。"2003 年水利部牵头五部委联合编制了《全国山洪灾害防治规划》，2006 年 10 月国务院批复《全国山洪灾害防治规划》，并启动实施了山洪灾害防治试点建设。受 2010 年"8·8"甘肃舟曲特大山洪灾害突发影响，国务院印发了《关于切实加强中小河流治理和山洪地质灾害防治的若干意见》（国发〔2010〕31 号）。此后，《中华人民共和国国民经济和社会发展第十二个五年规划纲要》提出，加强和提高山洪预测预警及灾害防治能力；《中华人民共和国国民经济和社会发展第十三个五年规划纲要》强调系统整治江河流域，加强地质灾害防治研究；《中华人民共和国国民经济和社会发展第十四个五年规划纲要》提出加强全球气候变暖对我国承受力脆弱地区影响研究。

大量山洪灾害现场调查表明，受暴雨山洪致灾因子综合影响，尤其是洪水与泥沙的耦合作用，使暴雨山洪灾害一般表现为山洪洪水灾害、山洪水沙灾害及山洪泥石流灾害三种模式，不同灾害模式的形成过程、成灾特点、灾害规模及其成因存在本质区别。本书以不同类型暴雨山洪形成及其过程特征为切入点，首次定义暴雨山洪概念，据此提出不同类型暴雨山洪过程模拟技术，为暴雨山洪灾害防治研究提供坚实的理论基础和有力的技术支撑。本书共五章，包括绪论、无资料地区小流域暴雨山洪设计洪水计算方法、降雨作用下模块化分布式水文模型、暴雨山洪过程模拟模型及典型暴雨山洪演进模拟分析。

本书由王协康、杨青远、刘兴年、许泽星完成，博士研究生杨坡、孙桐协助。本书的研究与出版得到国家自然科学基金重点项目"西南山区暴雨诱发泥沙补给突变下的山洪灾害研究"（51639007）、国家自然科学基金面上项目"山洪泥石流灾害形成的宽窄相间动边界河道河床演变机理研究"（4117106）和国家重点研发计划课题"山洪灾害实时动态预报预警关键技术"（2017YFC1502504）的资助，在此对项目资助机构及项目评审专家表示诚挚的感谢。本书的成稿受益于众多国内外专家学者的学术指导与大量前人研究成果的启发，在此表示衷心的感谢。

由于作者水平有限，书中难免存在不足，敬请读者批评指正。

王协康

2022 年 12 月于成都

目 录

第1章 绪论 ··· 1
1.1 暴雨山洪概念 ··· 1
1.2 暴雨山洪形成因素 ··· 3
1.2.1 降雨 ··· 3
1.2.2 下垫面条件 ··· 5
1.2.3 人类活动 ··· 6
1.3 暴雨山洪成灾特点 ··· 7
1.4 暴雨山洪模拟方法 ··· 14

第2章 无资料地区小流域暴雨山洪设计洪水计算方法 ··· 16
2.1 无资料地区设计暴雨计算方法 ··· 16
2.2 无资料地区设计洪峰流量计算方法 ··· 17
2.3 无资料地区小流域暴雨山洪设计洪水计算案例 ··· 22
2.3.1 长江流域上游区——四川宝兴暴雨山洪洪水计算 ··· 22
2.3.2 黄土高原区——陕西甘泉暴雨山洪洪水计算 ··· 28
2.3.3 青藏高原区——西藏米林暴雨山洪洪水计算 ··· 35

第3章 降雨作用下模块化分布式水文模型 ··· 40
3.1 模型结构及数据处理 ··· 40
3.1.1 模型结构 ··· 40
3.1.2 数据处理 ··· 41
3.2 产流模块的构建 ··· 43
3.2.1 植被截留 ··· 44
3.2.2 蒸散发 ··· 45
3.2.3 土壤下渗 ··· 47
3.2.4 单元产流 ··· 48
3.3 汇流模块的构建 ··· 51
3.3.1 坡面汇流计算 ··· 52
3.3.2 河道汇流计算 ··· 54
3.4 模块化分布式水文模型率定与验证 ··· 54
3.4.1 模型率定 ··· 54

  3.4.2 模型验证 ··· 55
第 4 章 暴雨山洪过程模拟模型 ··· 63
 4.1 暴雨山洪洪水运动模拟方法 ·· 63
  4.1.1 山洪洪水运动浅水方程 ·· 63
  4.1.2 山洪沟平面二维浅水方程的求解 ···································· 66
  4.1.3 山洪洪水运动模型验证 ·· 69
 4.2 暴雨山洪水沙运动模拟方法 ·· 71
  4.2.1 山洪沟平面二维水沙动力学方程 ···································· 71
  4.2.2 山洪水沙运动模型验证 ·· 73
 4.3 暴雨诱发滑坡产沙评价方法 ·· 74
  4.3.1 滑坡产沙估算模型 ··· 74
  4.3.2 典型小流域滑坡产沙分析 ··· 77
 4.4 暴雨山洪泥石流演进模拟方法 ··· 85
  4.4.1 山洪泥石流模拟方法 ··· 85
  4.4.2 山洪泥石流演进模型验证 ··· 86
第 5 章 典型暴雨山洪演进模拟分析 ··· 88
 5.1 四川屏山中都镇中都河"8·16"山洪洪水模拟 ······················· 88
  5.1.1 中都河"8·16"山洪洪水灾害 ······································ 88
  5.1.2 中都河山洪洪水演进模拟分析 ······································· 92
 5.2 四川汶川三江镇寿溪河"8·20"山洪水沙模拟 ··················· 100
  5.2.1 寿溪河"8·20"山洪水沙灾害 ··································· 100
  5.2.2 寿溪河复杂河段山洪水演进模拟分析 ·························· 102
  5.2.3 寿溪河复杂河段山洪水沙演进模拟分析 ······················· 111
 5.3 四川冕宁彝海镇曹古河"6·26"山洪泥石流模拟 ··············· 115
  5.3.1 曹古河"6·26"山洪泥石流灾害 ······························· 115
  5.3.2 曹古河山洪泥石流演进模拟分析 ································· 117
参考文献 ·· 124

第1章 绪　　论

1.1　暴雨山洪概念

　　山洪(flash flood)是一种自然现象。苏联学者迪尔恩巴乌姆在1949年提出"山洪"(泥石流)是这样一种水流,它在坡度较大的河床中流动,在较短的流程中(如有适宜的条件时)流量迅速增加,并挟带大量泥沙,也就是水流中挟带着岸边和河槽底部的疏松碎屑物质以及从山坡上滑下来的冲蚀物(迪尔恩巴乌姆,1958)。徐在庸(1981)将山洪定义为山区河流的洪水,特别是山区小河和周期性水流上的洪水。Glickman(2000)认为,山洪是由强降雨诱发较小流域快速涨落的洪水。王礼先和于志民(2001)提出,山洪是在山区荒溪及小河川发生的洪水。Borga等(2007)将山洪看作是局部地区短历时强降雨引起的迅速产汇流过程,一般仅持续几个小时。2007年,全国山洪灾害防治规划编制工作组编制的《全国山洪灾害防治规划简要报告》将山洪定义为在山丘区小流域由降雨引起的突发性、暴涨暴落的地表径流,常伴随泥石流与滑坡。世界气象组织(WMO,2009)认为,山洪是由极端降雨或溃坝事件导致的快速上涨洪水,且暴雨引起的山洪历时较短,一般不超过6h。美国国家海洋和大气管理局(NOAA,2010)认为,山洪是发生在溪河的快速上涨的极端洪水,常由强降雨、溃坝、冰川融化、融雪等引起。曹叔尤等(2013)认为,山洪一般是发生在几百平方千米以内的山丘区、由强降雨诱发的急涨急落的洪水,在适当条件下可能伴随泥石流与滑坡。

　　由上述众多山洪定义来看,山洪概念并没有一个统一的定义,但常具有以下几方面含义:①发生于山丘区小河、溪沟的洪水,区别于平原河流;②快速涨落的洪水,且历时短暂,一般持续几小时;③常挟带大量泥沙、石块、枯枝等固体挟带物;④激发源动力主要是强降雨、冰川融化、融雪、湖库溃决等,可划分为暴雨山洪、融雪山洪、融冰山洪、溃决山洪等。本书主要讨论暴雨山洪(rainstorm-induced flash floods),定义为山丘区小流域短历时降雨诱发溪河发生特大洪水或水位/泥位急剧上涨(沟床可能伴随剧烈冲淤)的洪流,相关释义参考表1.1。

表 1.1　暴雨山洪概念相关释义

基本元素	释义	备注
山丘区	广义的山丘区包括山地、丘陵和比较崎岖的高原	山地一般指海拔在 500m 以上的地势陡峭区域，可分低山(500～1000m)、中山(1000～3500m)、高山(3500～5000m)和极高山(>5000m)等。丘陵海拔一般为 200～500m，相对高度不超过 200m，有一定起伏。高原指海拔在 1000 m 以上，上方平坦开阔，周边以明显陡坡为界，是比较完整的大面积隆起区
小流域	山丘区溪河集水面积较小的流域	小流域面积原则上小于 200km²，一般小于 500km²，对于山洪灾害特别严重的流域，面积范围可适当放宽
短历时	指山洪历时小于 24h	山洪发生历时一般不超过 6h
降雨	降雨指在大气中冷凝的水汽以不同方式下降到地球表面的天气现象	降雨等级：小雨(12h 内降水量小于 5mm 或 24h 内降水量小于 10mm 的降雨)；中雨(12h 内降水量 5～15mm 或 24h 内降水量 10～25mm 的降雨)；大雨(12h 内降水量 15～30mm 或 24h 内降水量 25～50mm 的降雨)；暴雨(24h 内降水量超过 50mm 的降雨)。此外，根据暴雨强度分为暴雨、大暴雨、特大暴雨三种：暴雨(12h 内降水量 30～70mm 或 24h 内降水量 50～100mm 的降雨)；大暴雨(12h 内降水量 70～140mm 或 24h 内降水量 100～250mm 的降雨)；特大暴雨(12h 内降水量大于 140mm 或 24h 内降水量大于 250mm 的降雨)
特大洪水	特大洪水指由暴雨、风暴潮等引起江河湖海水量迅速增加或水位迅猛上涨的重现期超 50 年的洪水	中国江河防洪能力对洪水等级的一般划分：重现期在 10 年以下的洪水为一般洪水；重现期 10～20 年的洪水为较大洪水；重现期 20～50 年的洪水为大洪水；重现期超过 50 年的洪水为特大洪水
水位/泥位急剧上涨	水位/泥位急剧上涨，陡涨率一般大于 1.0m/h，甚至超 5.0m/h	例如，四川汶川寿溪河流域地形高差超 4000m，郭家坝水文站控制流域面积 561km²(图 1.1)，2019 年"8·20"暴雨山洪，郭家坝实测水位从 8 月 20 日凌晨 2:15 的 901.1m 陡涨至 3:15 的 904.85m，1h 内洪水位陡增 3.75m(图 1.2)；重庆市江津复兴河流域面积 193km²，2014 年"6·3"暴雨山洪沙滩站最高洪水位超成灾水位 3.12m，洪水陡涨历时约 2.6h，洪水位陡涨率为 2.54m/h；湖北十堰官山河流域面积 322km²，2012 年"8·5"暴雨山洪孤山站洪水陡涨历时 1h，洪峰水位达 35.76m，洪水位陡涨率约 5.47m/h(王协康等，2021a)
沟床冲淤剧烈	沟床冲刷严重或大量泥沙、石块、枯枝、车辆等障碍物淤堵沟床，甚至淤平河道	例如，2001 年四川马边波罗水电站"7·28"暴雨山洪灾害的 6h 降水量达 79.5mm，24h 降水量达 94.4mm，挖黑河及先家普河支流大量泥沙在交汇区淤积，电站尾水区泥沙淤积抬高河床 7.5m，厂房位置洪水位比电站校核洪水位高 3.7m(王协康等，2019)

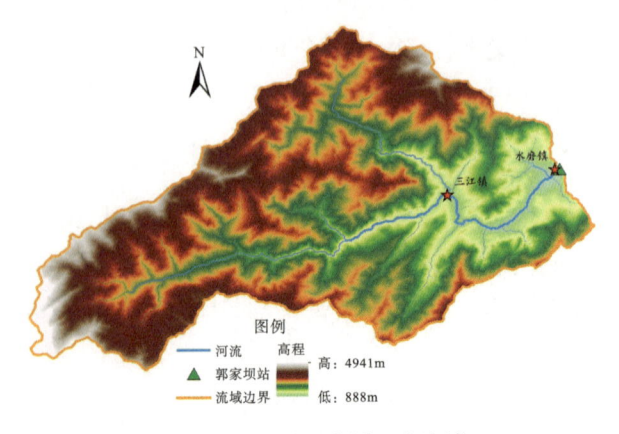

图 1.1　四川汶川寿溪河小流域

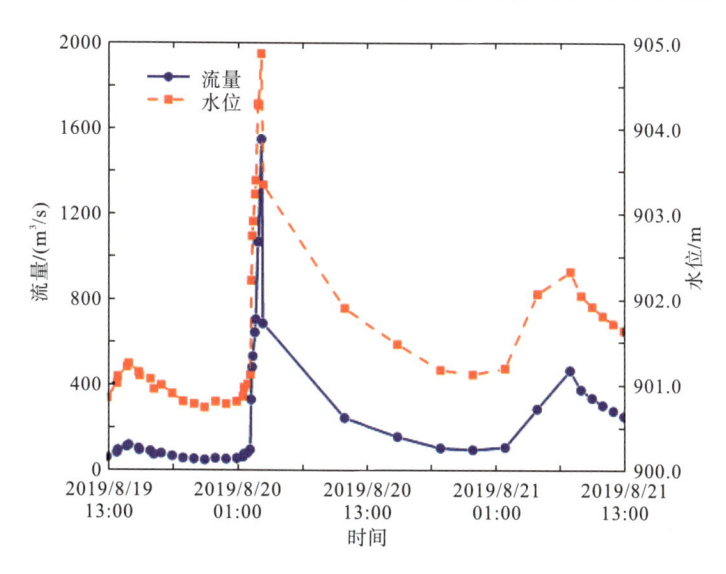

图 1.2　四川汶川寿溪河 2019 年"8·20"暴雨山洪郭家坝水文站水位流量过程

1.2　暴雨山洪形成因素

山洪的形成、发展与危害是降雨、下垫面条件和人类活动等因素综合作用的结果。暴雨山洪形成首先取决于水源,暴雨山洪本质上是降雨在山丘区小流域的产汇流过程,属于水文学研究范畴。暴雨山洪形成影响因素一般包括自然条件和不合理的强人类活动。自然因素主要是山丘区小流域的局地短历时强降雨和复杂下垫面。

1.2.1　降雨

短时强降水是暴雨、大暴雨的主要贡献者,是诱发暴雨山洪的关键因子。中央气象台对短时强降水的定义为 1h 降水量大于等于 20mm 的降水(陈隆勋等,1991)。孙军和张福青(2017)分析中国 2000 多站 50 年以上日降水资料,认为极端降水年表现出三段极端降水多发期,即 20 世纪 60 年代初、20 世纪 90 年代中后期和 21 世纪初。王志福和钱永甫(2009)基于 1951~2004 年中国 738 个地面观测站逐日降水资料分析,指出极端降水事件多发于江南地区以及青藏高原东南部。张琪和李跃清(2014)分析 1960~2007 年西南地区 97 个观测站点的日降水量资料,表明西南地区降水量整体呈"东多西少"分布特征,四川雅安和云南西南区为降水量高值区。毛冬艳等(2018)分析 1981~2010 年 30 年西南地区 402 个站点的小时降水量资料,表明西南地区短时强降水主要集中在 4~10 月;三个强降水高发区分别位于贵州东南部、四川盆地西南部和云南东南部,短时强降水呈现频次增加、强度增强的变化趋势。

近年来，受气候变化和极端天气影响，全球强降雨山洪事件多发。Gaume 等(2009)通过评述欧洲 7 个地区 1946~2007 年间 578 场山洪事件，表明局地降雨一般是几小时内超过 100mm。Blöschl 等(2019)在 Nature 发文，基于 1960~2010 年欧洲 3738 个河流测站(流域面积为 5~100000km^2)水文气象资料分析，表明气候变化已导致除欧洲南部外的其他所有地区极端降雨洪灾显著增加。2004 年 8 月 16 日英国威尼斯流域博斯卡斯尔镇发生暴雨山洪事件，小流域集水面积约 20km^2，5h 降水量达 200mm，洪水在几分钟内陡涨 1~1.5m，约 1.5h 小镇洪水位漫滩 3.0m，千余人受到洪灾影响(Fenn et al., 2005)。我国地处欧亚大陆东南部，位于东亚季风气候区，6~9 月暴雨洪水集中、洪涝灾害频发。2005 年 6 月 10 日黑龙江省宁安市沙兰镇沙兰河上游局部地区突降两百年一遇暴雨，3h 降水量达 120mm，形成的特大山洪造成 117 人死亡。2016 年 7 月 19 日河北省境内自西南向东北普降暴雨至特大暴雨，其中阜平县塔沟水库最大 1h 降水量达 177mm，磁县同义站最大 3h 降水量为 264mm，特大山洪造成河北省境内死亡 114 人，失踪 111 人。2020 年 6 月 12 日贵州省正安县碧峰镇发生特大暴雨事件，碧峰镇最大 1h 降水量为 163.3mm，为贵州省有气象记录以来的最大值，山洪造成 13 人死亡。2021 年 7 月 18 日 18 时至 7 月 21 日 0 时，河南郑州突然出现持续性强降雨，全市普降大暴雨、特大暴雨，在此期间，郑州市单日降水量达 552.5mm，其中最大 1h 降水量达 201.9mm(7 月 20 日 16 时至 17 时)，突破我国内陆小时降水量历史极值(198.5mm，河南林庄，1975 年 8 月 5 日)，郑州国家观测站最大日降水量达 624.1mm，接近该站年平均降水量 641mm，相当于一天下了将近一年的雨量。2021 年 8 月 12 日湖北省随州市柳林镇发生极端强降雨，如图 1.3 所示，最大 1h 和 3h 降雨量分别达 105mm 和 374mm，洪灾造成 21 人死亡、4 人失踪。

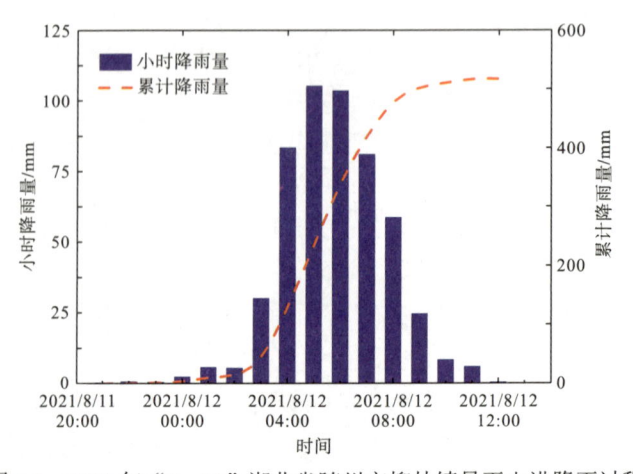

图 1.3　2021 年"8·12"湖北省随州市柳林镇暴雨山洪降雨过程

1.2.2 下垫面条件

流域下垫面主要包括流域形态、土壤性质及地质构造、植被条件、流域集水面积等基本要素，显著影响降雨作用下山洪形成过程。

流域形态受地质构造及侵蚀应力影响，河流水系特征一般呈扇形、羽状形及树枝状等(图 1.4)，其中支流和干流组成的扇形水系洪水汇集快较易发生山洪，羽状水系干流两侧支流分布均匀，暴雨洪水汇集缓慢，树枝状水系干支流呈树枝状，是水系发育中最普遍一种类型，干流与支流以及支流与支流之间以锐角相交。山丘区地形常用流域高程、坡度等参数表征，陡峭山坡及沟道为山洪快速运动提供了动力条件，降雨径流沿坡面向沟谷汇集，迅速形成强大洪峰并影响山洪成灾特征。Mahmood 和 Rahman(2019)基于地貌学方法分析了班杰戈拉河(Panjkora River)流域($391km^2$)历史山洪灾害分布，指出陡比降、高河网密度区为山洪灾害高风险区。

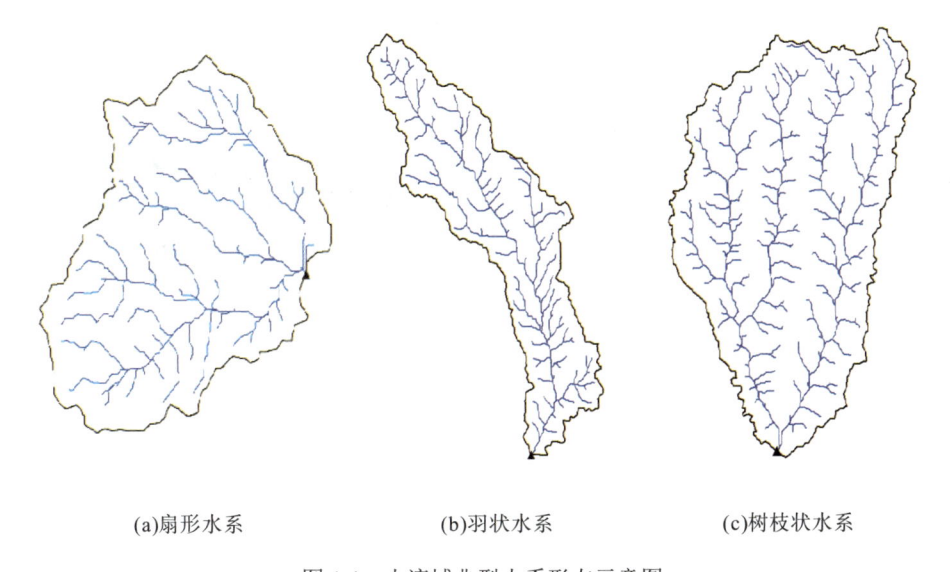

(a)扇形水系　　　　(b)羽状水系　　　　(c)树枝状水系

图 1.4　小流域典型水系形态示意图

土壤性质及地质构造等对降雨下渗产流、侵蚀产沙及汇流过程均有重要影响。山丘区浅表层岩体较为破碎且风化严重，坡面积聚松散堆积物，具有级配宽、不均匀系数大、透水性强等特点，强降雨条件下水流快速入渗，坡陡流急，极易造成剧烈的坡体破坏及侵蚀产沙，为暴雨山洪提供了极为充足的泥沙来源。山区沟床比降大、暴雨山洪响应时间极短、流速高、冲击力大，具有强烈的冲刷下切及挟沙能力，从而显著改变河床形态(崔鹏等，2008；Bollati et al.，2014)。2001 年

7月28日，四川省马边县暴雨引发挖黑河与先家普河河水暴涨，洪水挟带的大量泥沙在两河交汇处淤积，河床抬高7.5m，致使五十年一遇洪峰达到了千年一遇洪水位，进而淹没波罗水电站发电厂房，如图1.5所示，造成经济损失超2.0亿元(王协康等, 2019; Wang et al., 2019)。植物(乔、灌、草)通过降雨截留改变径流分配，影响地表水流汇集阻力，延长山洪汇流时间，对山洪具有一定的削峰作用。

此外，流域集水面积大小也制约着山洪量级及其演进过程，从而影响山洪灾害易发区范围。Zaharia等(2017)通过分析罗马尼亚普拉霍瓦河(Prahova River)流域(流域面积2600km^2)1975～2002年发生的20场山洪事件，表明山洪灾害常发生于集水面积小于100km^{2}的小流域出口区。翟晓燕等(2020)指出，中国以流域面积为3000km^{2}以下的河流为中小流域，200km^{2}以下的山洪沟频繁发生山洪灾害。

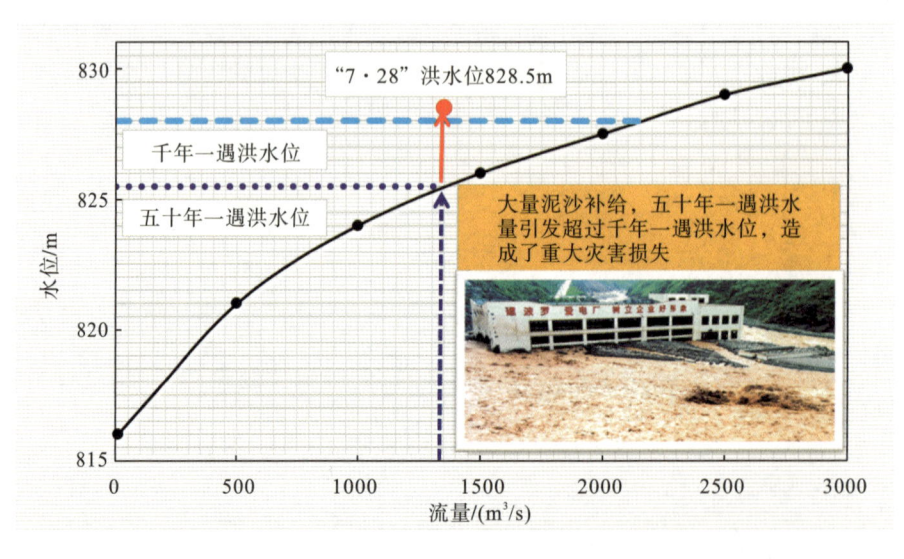

图1.5 四川马边2001年"7·28"暴雨山洪灾害波罗水电站断面水位-流量关系

1.2.3 人类活动

山丘区蕴藏丰富的水资源、森林资源、矿产等自然资源，随着人类经济活动的增强和国民生活的改善，山丘区的城镇建设、基础设施建设得到了快速发展。受地形条件、建设成本、施工技术、防灾意识等多方面综合影响，不合理的人类活动(如削坡炸山、乱垦荒地、筑坝建桥、侵占河滩地等)时有发生，从而加剧产生强降雨洪水汇集、增加流域产沙、降低河道排洪能力等问题，由此加快暴雨山洪的形成，导致灾害事件发生。Wallemacq和House(2018)分析联合国防灾减灾署(UNDRR)1998～2017年自然灾害资料，表明有近28.2%的洪涝成灾是由暴雨诱发的，1998～2017年的近20年间气象水文灾害死亡人数达1300万人，受影响居民达 4.4 亿人。全球每年有超过 5000 人死于山洪灾害,世界上已有 100 多个国家将山洪灾害损失排在自然灾害前两位,全球山洪灾害占自然灾害的 50%。

中国暴雨山洪灾害点多面广,包括全国 29 个省(自治区、直辖市),灾害频发损失巨大,制约着山丘区经济社会发展,是我国防洪减灾工作的重点和难点。中国山洪灾害重点防治以西南高原山地丘陵、秦巴山地等山地丘陵区分布最为集中。中国山洪灾害防治区总面积 386 万 km^2,其中重点防治区面积 120 万 km^2,约 17 万个村,6746 万人;一般防治区面积 266 万 km^2,约 40 万个村,2.3 亿人(孙东亚,2020)。中国受山洪灾害威胁的人口约分别是美国和日本的 10 倍和 4.7 倍。谢洪等(1997)分析四川甘孜康定城区 1995 年 6 月 15 日、7 月 3 日和 7 月 7 日连续三次遭受山洪灾害的关键因素是强降雨洪水挟带大量泥沙淤床、城区处于河流交汇区和占滩建房等不当的强人类活动。李细生等(2006)分析湖南"5·31"特大暴雨山洪导致 88 人死亡、33 人失踪的原因,认为是龙山河暴雨洪水陡涨、河道堵塞及居民水患意识薄弱的综合影响。2010 年 8 月 8 日 0 时 12 分,甘肃省舟曲县城区及上游村庄遭受特大山洪泥石流灾害,造成1467人遇难和298人失踪,灾后调查表明,致灾原因之一是舟曲县城快速城市化过程中部分建筑占据了山洪进入白龙江的通道(刘传正等,2011)。Li 等(2019)耦合 TOPMODEL 水文模型和 MIKEFLOOD 水动力模型探讨了盘江流域上游某小流域($468km^2$)山洪引起的淹没风险,指出农耕地、基础建设等强人类活动具有突出影响。Saber 等(2020)基于埃及 4 处不同气候条件地区 1984~2019 年的山洪灾害与降雨和下垫面变化分析,表明山洪灾害易发的主要原因源于三方面的影响,即气候变化、城镇发展及人类活动的无序管理。何秉顺(2022)针对 2021 年河南郑州"7·20"特大暴雨灾害的山区 4 市(新密、荥阳、登封、巩义)在山洪灾害防御预案、山洪风险认知、山洪灾害防治体系运行等方面进行了较为系统的分析,并提出加强和改进山洪灾害防御工作的措施建议。

1.3 暴雨山洪成灾特点

山丘区小流域地形陡峻,短历时强降雨诱发的山洪历时短,一般为几十分钟至几小时。山丘区因山高坡陡,河网密集,短历时强降雨作用下水流汇集速度快,暴雨山洪具有显著的陡涨猛落特征,具有峰量大、流速大、挟沙力大、破坏力大等突出特点。

受暴雨影响,山洪形成与降雨时空分布密切相关。中国降雨集中于 5~9 月,山洪灾害也主要发生在此时段,且以主汛期 6~8 月为主,此期间的山洪灾害达到 80%以上。李中平等(2007)指出,我国山洪灾害时间及空间分布基本与暴雨分布一致。从地域上讲，中国山洪灾害重点防治区主要分布在受东部季风影响的山丘区，以西南高原山地丘陵、秦巴山地以及江南、华南、东南沿海的山地丘陵区最为集中。西南地区是我国山洪灾害发育最严重的地区，Liu 等(2018)基于中国 2000～2015 年的山洪灾害事件分析，表明四川、云南、贵州等地是我国山洪灾害的主要成灾区。熊俊楠等(2019)分析我国西南地区 1960～2015 年山洪灾害历史数据，表明山洪灾害影响因素具有明显空间差异性。涂勇等(2020)基于 2011～2019 年全国山洪灾害事件分析，表明四川、云南、湖南、贵州、广西、陕西、广东、甘肃、河北、福建山洪灾害导致的死亡人数占全国山洪灾害死亡人数的 69%。

山丘区基岩河床或沟床的暴雨山洪一般表现为河床下切和河道横向侵蚀，而冲积河床则表现为河岸崩塌和河道内的泥沙搬运。Rickenmann 等(2016)指出，山洪过程常伴随滑坡、泥石流及河道强输沙现象。暴雨洪水过程加剧坡地及沟床的侵蚀产沙，河道洪水常具有较高的含沙量，具有挟沙水流特性。此外，山洪易挟带大量泥沙、石块，其密度可达到或超过1300kg/m^3，从而演变成山洪泥石流。陈宁生等(2018)分析山洪泥石流运动特征、灾害形式及发展趋势，建立山洪泥石流灾害性质与沟道性质的判定规则。宋云天等(2019)以北京"7·21"山洪为例，认为泥沙输移显著影响最高洪水位、最大流速等洪水特征值空间分布，大幅提升局部河段山洪危险。

山丘区沟床比降大，暴雨山洪历时短，洪峰大、流速高、冲击力大，经常造成岸坡崩塌，冲毁道路、桥梁和公共设施，破坏房屋设施、淹毁农田等，其成灾模式主要包括淹没、冲毁、淤埋等。2020 年 6 月 12 日凌晨，贵州省正安县碧峰镇发生特大山洪事件，每小时降水量达 163.3mm，突破了贵州有资料记载以来的极值，白花河碧峰小学河段洪水起涨时间为 6 月 12 日凌晨 2 时，2 时 40 分洪水水位到达河堤顶处，3 时 30 分到达洪峰水位，水位变幅约 4.80m，洪水涨率约 3.20m/h，街道房屋水深约 1.80m，造成了严重灾害(周亮等，2021)。Kotlyakov 等(2013)结合实地调查发现，俄罗斯克雷姆斯克镇"7·6"山洪灾害的主要表现为高含沙洪水在局部河段发生淤堵抬升水位成灾。Diakakis 等(2019) 利用地空观测数据反演希腊曼德拉镇"11·15"山洪灾害过程，致灾表现为两河交汇口处水流相互顶托及卵石淤堵桥涵引起水位大幅抬升冲毁成灾。王协康等(2019)通过实地调查中国西南地区山洪灾害事件，发现受灾区多位于输沙能力较弱的河槽弯曲段、宽窄相间段、干支流交汇段及陡缓坡衔接段等，且泥沙淤堵沟床水位陡增致灾事件占比较多。结合山丘区小流域"雨-水-沙"变化致灾特征，暴雨山洪灾害事件可划分为山洪洪水灾害、山洪水沙灾害和山洪泥石流灾害(王协康等，2020；王协康等，2021b)。根据四川叙永"8·17"山洪灾害、四川屏山"8·16"山洪灾害、四川冕宁"6·26"山洪灾害、陕西洛南"8·6"山洪灾害、四川汶川"8·20"、河南荥阳市"7·20"山洪灾害、湖北柳林镇"8·12"山洪灾害现场调查，不同类型暴雨山洪灾害特征见图 1.6～图 1.15。

图 1.6　四川叙永 2015 年"8·17"山洪泥石流灾害（尽头沟，房屋冲毁）

图 1.7　四川叙永 2015 年"8·17"山洪泥石流灾害（泡桐沟，公交车淤埋）

图 1.8 四川屏山 2018 年"8·16"山洪洪水灾害(中都河,桥梁冲毁,洪水淹没房屋一楼)

图 1.9 四川汶川 2019 年"8·20"山洪水沙灾害(西河,河道淤平)

第1章 绪论　　11

图1.10　四川汶川2019年"8·20"山洪水沙灾害(西河，河道淤平，漫滩，洪水淹没客栈一楼)

图1.11　四川冕宁2020年"6·26"山洪泥石流灾害(曹古河，漂石淤床，电厂毁坏)

图1.12 陕西洛南2020年"8·6"山洪水沙灾害(石门河,河道淤平,桥梁冲毁)

图1.13 河南荥阳市2021年"7·20"山洪洪水灾害(王宗店,洪水淹至服务中心二楼)

第1章 绪论

图 1.14 湖北柳林镇 2021 年"8·12"山洪洪水灾害(柳林镇,洪水淹没粮站一楼)

图 1.15 湖北柳林镇 2021 年"8·12"山洪洪水灾害(柳林镇,淹没洪痕水深,单位:m)

1.4 暴雨山洪模拟方法

暴雨山洪形成过程复杂，主要包含流域水文响应、坡面及沟床侵蚀产沙及山洪演进等过程。当前山洪灾害风险分析一般以水文模型或水力学模型模拟为主，水文模型常分为集总式模型、分布式水文模型和半分布式水文模型。集总式模型计算简单，数据要求较低，但需要长序列水文数据进行校准，难以应用于缺资料地区。分布式水文模型物理基础清晰，能够在资料缺乏地区建模，但需要高精度的数字高程模型(digital elevation model，DEM)，在物理机制复杂的山洪灾害预警方面有较好的应用。

Beven 和 Kirbby(1979)提出了基于 DEM 推求地形指数的 TOPMODEL 模型，该模型可反映下垫面空间变化对降雨形成洪水的影响。美国环保署 20 世纪 70 年代研发了半分布式水文模型——SWMM 模型。Munir 和 Iqbal(2016)将 SWMM 模型应用于巴基斯坦瓦尔多流域，验证出该模型对山洪模拟具有较好的适用性。Rai 等(2018)将 SWMM 模型与二维水动力模型耦合，可用于山洪过程模拟。此外，国内外常见的分布式水文模型还有 MARINE 模型、LISFLOOD 模型、VIC 模型、SHE 模型、SWAT 模型、WEP 模型、TVGM 模型、新安江模型、流溪河模型等。半分布水文模型考虑了模型参数的空间差异，模型参数简单，常见的有美国陆军工程兵团开发的 HEC-HMS 和考虑地形数据的 TOPMODEL 模型等 (Oleyiblo and Li，2010)，但此类模型应用于无资料地区仍有难度。夏军(2002)基于降雨-径流非线性关系，采用简单的响应函数模型，通过考虑土壤湿度，引入时变增益概念构建的 TVGM 模型比较适合模拟湿润山区小流域的洪水过程。余钟波(2006)运用 HEC-HMS 模型模拟峨眉河流域的典型山洪，表明该模型对流域暴雨洪水模拟预报具有较好的适用性。Vincendon 等(2010)耦合 ISBA 地表模型和 TOPMODEL 模型，分析了地中海山区的 6 次山洪事件，指出耦合模型能更加准确预测洪峰的峰现时间和强度。钱群和冉启华(2012)采用 InHM 模型模拟了四川都江堰岷江支流龙溪河碱坪沟小流域的降雨产流过程，与实测流量过程吻合较好。Nguyen 等(2016)认为考虑集总式或分布式水文模型耦合水动力模型是当前山洪模拟研究的一种趋势，前者能了解降雨-径流关系，后者可明晰山洪过程，但降雨、数字高程模型(DEM)仍是影响预报预警的主要因素。刘昌军等(2019)针对小流域暴雨山洪精细模拟问题，提出了小流域时空变源混合产流模型，以小流域为单元构建了暴雨山洪分布式模拟模型，开发了可视化时空变源分布式水文模型软件 FFMS 和水动力学计算软件 FHMS。

潘佳佳等(2012)通过比较分析水动力学模型、运动波模型和扩散波模型在物理机制上的差异，表明山洪洪水模拟应采用完整的浅水动力学数学模型。Roca 和 Davison(2010)基于平面二维水动力学模型探究了英国威尼斯流域博斯卡斯尔镇 2004 年"8·16"暴雨山洪洪水演进特性。Dong 等(2021)基于平面二维浅水方程数学模型和概化试验研究了城市街道洪水淹没过程。Kirstetter 等(2021)结合自适应网格技术研究了二维圣维南方程组对山洪洪水的模拟应用。受流域侵蚀产沙影响，山洪形成及其演进具有突出的挟沙特征，甚至演变为山洪泥石流输移，因而亟须研发考虑泥沙输移的山洪模拟方法。钱宁和万兆惠(2003)系统总结、完善了推移质运动理论体系。根据推移质运动理论及其参数修正方法，可计算非均匀沙的推移质输沙率，从而实现对推移质输移的求解，该方法在一维推移质运动数学模型研究中获得较大成功。例如：方铎等(1987)结合都江堰枢纽物理模型试验，建立的一维卵石推移质输沙带模拟方法可较好揭示岷江都江堰河段冲淤变形。3ST1D(Papanicolaou et al.，2004)、TOPKAPI(Todini and Ciarapica，2001)、sedFlow(Chiari et al.，2010)等模型也可较准确推算断面推移质输移量。Francalanci 等(2013)结合现场调查及一维水沙动力学模型，建立了山洪输移含沙量与山洪流量的变化关系。为充分考虑河道水沙输移漫滩影响，二维推移质水沙数学模型也得到快速发展(O'Brien et al.，1993)。Buttner 等(2006)结合 RMA-2 水动力模型和 SED2d-WES 输沙模型对德国中部易北河流域 4km 河段的一次山洪进行了模拟，表明水位、流速以及悬移质含沙量、河床淤积情况模拟结果与实测值对比误差较小。Chen 等(2015)采用平面二维水沙模型分析马边波罗电站山洪过程，表明山洪挟带的泥沙输移对洪水位抬升具有显著作用。Khosronejad 等(2020)采用大涡模拟方法研究了山洪传播及泥沙输移引起的河床变形特征。闫旭峰等(2021)基于山洪水沙模型模拟揭示了宽窄相间河段泥沙淤床及水位陡增致灾特性。山洪泥石流物质组成及其流体特征复杂多变，当前的山洪泥石流模拟模型常采用连续介质模型、离散介质模型及混合介质模型。为模拟流域大尺度的山洪泥石流演进过程，采用的数值模拟模型主要为连续介质模型(Hungr，1995；Sovilla et al.，2007；Beguería et al.，2009；Pudasaini，2012；Ouyang et al.，2013；Liu and He，2017；Pudasaini and Mergili，2019；Pudasaini，2020；Liu et al.，2021)。

第 2 章　无资料地区小流域暴雨山洪设计洪水计算方法

我国暴雨时空分布、下垫面条件及人类活动差异突出，因而山洪形成过程具有明显的区域性。为确定暴雨山洪洪水过程，常根据 2014 年全国山洪灾害防治项目组编制的《山洪灾害分析评价技术要求》，选择具有典型性、重要性和代表性的防灾对象所在小流域，采用两种或三种方法建立相应的水文计算模型，确定山洪模拟过程中的相关参数，进行暴雨山洪设计洪水推算。其中，有资料地区可采用水文模型模拟方法，设计暴雨洪水过程根据实测降雨洪水资料进行参数率定和验证；无资料地区一般依据省（自治区、直辖市）水文手册总结的经验公式或由设计暴雨推算设计洪水，并对不同方法的计算结果进行合理性分析。

2.1　无资料地区设计暴雨计算方法

根据地区水文手册，查取小流域中心位置处 $\frac{1}{6}$h、1h、6h、24h 最大点雨量均值 $\overline{H_t}$、变差系数 C_v，按 $C_s=3.5C_v$ 确定设计频率的模比系数 K_p，采用式(2.1)计算频率为 p、历时为 t 的点雨量值 H_{tp}，结合面雨量折减系数，将点雨量转化为面平均雨量。此外，采用式(2.2)计算任意设计历时的设计暴雨。

$$H_{tp}=K_p\overline{H_t} \tag{2.1}$$

$$H_{tp}=S_p\cdot t^{1-n} \tag{2.2}$$

式中，S_p 为 1h 平均雨强，mm/h；n 为暴雨递减参数。

对于 24h 范围的设计暴雨推算可表述为式(2.3)~式(2.5)具体如下。

设计历时在 6~24h 范围：

$$\begin{cases} H_{tp}=S_p\cdot t^{1-n_3} \\ S_p=H_{24p}\cdot 24^{n_3-1}=H_{6p}\cdot 6^{n_3-1} \\ H_{tp}=H_{24p}\cdot\left(\dfrac{t}{24}\right)^{1-n_3} \end{cases} \tag{2.3}$$

设计历时在 1～6h 范围：

$$\begin{cases} H_{tp} = S_p \cdot t^{1-n_2} \\ S_p = H_{6p} \cdot 6^{n_2-1} = H_{1p} \cdot 1^{n_2-1} \\ H_{tp} = H_{6p} \cdot \left(\dfrac{t}{6}\right)^{1-n_2} = H_{1p} \cdot t^{1-n_2} \end{cases} \quad (2.4)$$

设计历时在 1/6～1h 范围：

$$\begin{cases} H_{tp} = S_p \cdot t^{1-n_1} \\ S_p = H_{1p} \cdot 1^{n_1-1} = H_{1p} = H_{1/6p} \cdot \left(\dfrac{1}{6}\right)^{n_1-1} \\ H_{tp} = H_{1p} \cdot t^{1-n_1} = H_{1/6p} \cdot \left(\dfrac{t}{6}\right)^{n_1-1} \end{cases} \quad (2.5)$$

关于暴雨递减参数 n 的计算，一般参考当地水文手册。例如，1984 年四川省水利电力厅编制的《四川省中小流域暴雨洪水计算手册》中的暴雨递减参数表述为

$$\begin{cases} n_3 = 1 + 1.661\lg\left(\dfrac{H_{6p}}{H_{24p}}\right) \\ n_2 = 1 + 1.285\lg\left(\dfrac{H_{1p}}{H_{6p}}\right) \\ n_1 = 1 + 1.285\lg\left(\dfrac{H_{1/6p}}{H_{1p}}\right) \end{cases} \quad (2.6)$$

此外，也可由图解法确定，即对式(2.2)两边取对数：

$$\lg\dfrac{H_{tp}}{t} = \lg i_{tp} = \lg S_p - n\lg t \quad (2.7)$$

式中，i_{tp} 为频率为 p、历时为 t 的平均暴雨强度，mm/h。

由式(2.7)可知，$\lg i_{tp}$ 与 $\lg t$ 为线性关系，斜率为暴雨递减参数 n。因此，仅需计算不同历时的设计暴雨量 H_{tp} 和该时段的平均暴雨强度 i_{tp}，再以 i_{tp} 为纵坐标，t 为横坐标，即可点绘频率为 p 的 $i_{tp} \sim p \sim t$ 双对数坐标曲线。其中，当 $t<1\text{h}$ 时，$n=n_1$；当 $1\text{h} \leqslant t < 6\text{h}$ 时，$n=n_2$；当 $6 \leqslant t < 24\text{h}$ 时，$n=n_3$。

2.2 无资料地区设计洪峰流量计算方法

根据《山洪灾害分析评价技术要求》规定，计算无资料地区的设计洪水应

采用多种方法推算并进行综合分析，合理选定设计暴雨洪水。常用的方法包括推理公式法、瞬时单位线法、面积相关法、综合参数法及水文比拟法等，具体介绍如下。

1. 推理公式法

推理公式法是最早根据降雨资料推求设计洪水的方法之一。该方法假定流域产流时空分布均匀，由线性汇流推导得到洪峰流量计算公式为

$$Q_m = 0.278 \psi i F \tag{2.8}$$

式中，Q_m 为洪峰流量，m³/s；ψ 为洪峰径流系数，即形成洪峰的净雨量与降雨量的比值；i 为平均降雨强度，mm/h；F 为流域集水面积，km²。

洪峰径流系数 ψ 的计算，一般分全面汇流和部分汇流两种情况。

(1) 当产流历时 t_c 大于汇流历时 τ（流域河道长度与汇流平均速度之比）时，出口断面洪峰流量由全流域面积上的净雨形成，此时洪峰流量仅与流域面积和产流强度相关，洪峰径流系数 ψ 计算如下：

$$\psi = \frac{h_\tau}{H_\tau} = \frac{H_\tau - \mu\tau}{H_\tau} = 1 - \frac{\mu\tau}{H_\tau} \tag{2.9}$$

式中，h_τ 为连续 τ 时段内最大净雨深，mm；H_τ 为 τ 时段降雨量，mm；μ 为平均降雨损失强度，mm/h，一般根据地区水文手册的 μ 值综合图表查取。严重缺资料地区根据流域土壤类型、质地、松散程度等因素确定流域土壤渗透能力，可参考 Skaggs 和 Khaleel(1982)的研究成果，以土壤稳渗率代替平均降雨损失强度，具体如表 2.1 所示。

表 2.1　不同类型土壤稳定下渗率

分组	土壤	稳渗率/(mm/h)
I	深层砂，深层黄土，砾质粉砂	7.6～11.4
II	浅层黄土，砂壤土	3.8～7.6
III	黏性壤土，浅层砂壤土，含少量有机质成分的土壤，富含黏土的土壤	1.3～3.8
IV	湿润后明显膨胀的土壤，离塑性黏土，某些盐碱土壤	0.0～1.3

将式(2.2)代入式(2.9)，可得

$$\psi = 1 - \frac{\mu\tau}{H_\tau} = 1 - \frac{\mu\tau}{S_p \tau^{1-n}} = 1 - \frac{\mu}{S_p}\tau^n \tag{2.10}$$

(2) 当产流历时 t_c 小于汇流历时 τ 时，洪峰流量由部分流域面积上的净雨形成，则

$$\psi = \frac{h_R}{H_\tau} = \frac{H_{t_c} - \mu t_c}{H_\tau} \tag{2.11}$$

式中，h_R 为产流历时 t_c 内的净雨深，mm；H_{t_c} 为 t_c 时段内的降雨量，mm；$\mu = \dfrac{dH_{tp}}{dt} = (1-n)\dfrac{S_p}{t_c^n}$，将其代入式(2.11)，即

$$\psi = n\left(\dfrac{t_c}{\tau}\right)^{1-n} \tag{2.12}$$

式中，$t_c = \left[(1-n)\dfrac{S_p}{\mu}\right]^{\frac{1}{n}}$。

汇流历时 τ 一般采用经验式(2.13)计算：

$$\tau = \dfrac{0.278L}{mJ^{\frac{1}{3}}Q_m^{\frac{1}{4}}} \tag{2.13}$$

式中，L 为流域河道从出口断面至分水岭的最大距离，km；J 为河道平均比降；m 为经验性汇流参数，与流域地形、地貌、植被、河网分布、断面形状及暴雨时空分布等密切相关，一般以当地暴雨洪水资料为基础，通过建立流域特征因子 $\theta = \dfrac{L}{J^{\frac{1}{3}}F^{\frac{1}{4}}}$ 与汇流参数 m 的经验关系确定，如《四川省中小流域暴雨洪水计算手册》中盆地丘陵区的 m-θ 关系式为

$$\begin{cases} m = 0.318\theta^{0.204} & (1 < \theta \leqslant 30) \\ m = 0.055\theta^{0.72} & (30 < \theta \leqslant 300) \end{cases} \tag{2.14}$$

此外，在无资料地区确定 m 值可参考水利部长江水利委员会水文局主编的《水利水电工程设计洪水计算规范》(SL44—2006)，具体如表 2.2 所示。根据计算流域的雨洪特性、河流特性、土壤特性、植被条件等，由表 2.2 查得该类型下垫面条件下流域特征因子 θ 对应的 m 值。

表2.2　推理公式汇流参数 m 值查算表

类别	雨洪特性、河道特性、土壤特征、植被条件	推理公式洪水汇流参数 m 值			
		$\theta = 1 \sim 10$	$\theta = 10 \sim 30$	$\theta = 30 \sim 90$	$\theta = 90 \sim 400$
I	北方半干旱地区，植被条件较差，以荒草坡、梯田或少量稀疏林为主的土石山丘区，旱作物较多，河道呈宽浅型，间歇性水流，洪水陡涨陡落	1.00~1.30	1.30~1.60	1.60~1.80	1.80~2.20
II	南、北地理景观过渡区，植被条件一般以稀疏针叶林、幼林为主，为土石山丘或流域内耕地较多	0.60~0.70	0.70~0.80	0.80~0.90	0.90~1.30
III	南方、东北湿润山丘，植被条件良好，以灌木林、竹林为主的石山区或森林覆盖度达 40%~50%或流域内以水稻田或优良的草皮为主，河床多砾石、卵石，	0.30~0.40	0.40~0.50	0.50~0.60	0.60~0.90

续表

类别	雨洪特性、河道特性、土壤特征、植被条件	推理公式洪水汇流参数 m 值			
		$\theta=1\sim10$	$\theta=10\sim30$	$\theta=30\sim90$	$\theta=90\sim400$
	两岸滩地杂草丛生，大洪水多为尖瘦形，中小洪水多为矮胖形				
IV	雨量丰沛的湿润山区，植被条件优良，森林覆盖度高达 70%以上。多为深山原始森林区，枯枝落叶层厚，壤中流较丰富，河床呈山区型大卵石大砾石河槽，有跌水，洪水多呈缓落型	0.20~0.30	0.30~0.35	0.35~0.40	0.40~0.80

中国水利水电科学研究院推理公式如下：

当 $t_c = \tau$ 时，

$$\begin{cases} Q_m = 0.278\left(\dfrac{S_p}{\tau^n} - \mu\right)F \\ \tau = \dfrac{0.278L}{mJ^{\frac{1}{3}}Q_m^{\frac{1}{4}}} \end{cases} \qquad (2.15)$$

当 $t_c < \tau$ 时，

$$\begin{cases} Q_m = 0.278\left(\dfrac{nS_p t_c^{1-n}}{\tau^n}\right)F \\ \tau = \dfrac{0.278L}{mJ^{\frac{1}{3}}Q_m^{\frac{1}{4}}} \end{cases} \qquad (2.16)$$

求解式 (2.15) 和式 (2.16)，仅需确定 7 个基本参数，即 F、L、J、S_p、n、μ、m，可由试算法或图解法确定。

2. 瞬时单位线法

瞬时单位线法一般以 Γ 函数偏态分布曲线的汇流型式模拟流域出流过程。暴雨推求设计洪水以设计暴雨过程作为输入，经产汇流计算得到洪水过程，计算公式如下：

$$u(0,t) = \dfrac{1}{k\Gamma(n')}\left(\dfrac{t}{k}\right)^{n'-1} e^{-\frac{t}{k}} \qquad (2.17)$$

式中，$u(0,t)$ 为瞬时单位线；Γ 为伽马函数，$\Gamma(n') = (n'-1)!$；n' 为概化的串联水库个数，即流域调节次数；k 为流域汇流时间的参数。

瞬时单位线是指净雨历时趋于无限小的汇流单位线。实际雨量资料常以某时段 Δt 为历时单位，将瞬时单位线 $u(0,t)$ 按 $s(t)$ 曲线转换为时段单位线 $u(\Delta t, t)$，参见式 (2.18) 和式 (2.19)：

$$s(t) = \int_0^{\frac{t}{k}} \frac{1}{k\Gamma(n')} \left(\frac{t}{k}\right)^{n'-1} e^{-\frac{t}{k}} d\frac{t}{k} \tag{2.18}$$

$$u(\Delta t, t) = \frac{1}{\Delta t} \left[s(t) - s(t - \Delta t) \right] \tag{2.19}$$

式中，$s(t)$ 为瞬时单位线 $u(0,t)$ 的积分曲线。

3. 面积相关法

面积相关法是当前计算流域洪峰流量最简单常用的一种方法，该方法仅以流域面积作为影响洪峰流量的关键因素，将其他因素的影响以综合系数表示，基本形式如式(2.20)所示。该方法一般适用于流域面积小于 1000km² 的无资料地区。

$$Q_{mp} = C_p F^{\alpha} \tag{2.20}$$

式中，Q_{mp} 为重现期为 p 的洪峰流量，m³/s；α 为重现期为 p 的经验指数；C_p 为随地区和频率变化的综合系数。

4. 综合参数法

综合参数法是以小流域设计暴雨量和流域特征参数为基础建立的多因子经验公式，综合反映该地区洪峰流量的形成特性，基本形式见式(2.21)：

$$Q_{mp} = C h_{24p}^{\alpha'} F^{\beta} \phi^{\gamma} \tag{2.21}$$

式中，ϕ 为流域形状系数，$\phi = F/L^2$；h_{24p} 为设计重现期为 p 的 24h 面雨量，mm；C、α'、β、γ 为重现期为 p 的经验参数和指数，可参照地区水文手册查算。

5. 水文比拟法

水文现象具有地区相似性，即相似自然地理条件下多个流域其水文现象具有相似的变化规律和变化特点。水文比拟法是以流域相似性为基础，将相似流域的水文资料移用到设计流域的方法。若设计流域恰好在水文站附近，两者控制面积差不超过±5%，则可直接采用水文站的洪水计算成果；若设计流域面积与水文站控制流域面积相差较大，两者自然地理条件比较一致，且同属相同水文气象分区，则洪峰流量可用式(2.22)计算。

$$Q_{m设} = \left(\frac{F_{设}}{F_{站}}\right)^{2/3} Q_{m站} \tag{2.22}$$

式中，$Q_{m设}$ 为设计流域的洪峰流量，m³/s；$Q_{m站}$ 为水文站控制流域的洪峰流量，m³/s；$F_{设}$ 为设计流域的面积，km²；$F_{站}$ 为水文站控制流域的面积，km²。

2.3　无资料地区小流域暴雨山洪设计洪水计算案例

张平仓等(2009)根据降雨、地质、地貌、人类经济社会活动等自然社会条件的分布特征，按防治类型对中国山洪灾害防治区进行了区划。即长江流域山洪灾害高易发区主要分布在云贵高原中西部和四川盆地西北部以及秦巴山地、武夷山脉、衡山山脉、浏阳河流域、资澧沅水中上游地区、鄂西山地、桐柏、伏牛山区及大别山区等；我国北部土石山区山洪灾害高易发区主要集中在太行山脉、沂蒙山区以及辽东半岛；黄土高原山洪灾害高易发区分布较少，主要分布在黄河中游地区吕梁山脉两侧、贺兰山麓、六盘山两侧以及陕北、甘肃大部等；东北地区山洪灾害高易发区主要分布在兴安岭、长白山一带；西北地区山洪灾害主要发育在天山北麓伊犁河谷地区；青藏高原山洪灾害高易发区主要分布于雅鲁藏布江河谷地区。为此，针对山洪灾害高易发区小流域特点，本书暴雨山洪洪水计算分别以位于长江流域的四川雅安宝兴县、黄土高原区陕北甘泉县及青藏高原雅鲁藏布江米林县的小流域为例，采用上述无资料地区不同设计洪水计算方法进行对比，阐明此类方法的具体应用。

2.3.1　长江流域上游区——四川宝兴暴雨山洪洪水计算

宝兴县位于四川盆地西部边缘，全境褶皱密集，断裂发育，主要以高山为主，构造对流域地貌的影响十分显著。宝兴县降水时空分布不均，总体趋势为由南向北减少，季节降水相差极大，夏季平均降水量最多可占全年74%。此外，2013年4月20日四川雅安芦山县境内发生7.0级地震，严重破坏了山体稳定性，加剧了松散固体物质的累积，暴雨条件下极易诱发山洪事件。2013年8月11日，宝兴县大溪乡境内突降暴雨，最大小时降水量达85.4mm，多处发生山洪泥石流，致使交通、电力中断，农作物大面积受损，居民财产损失严重。2017年7月25日，宝兴县灵关镇大沟村局部暴雨引发山洪，造成道路中断、1人失联。2018年8月22日，宝兴县陇东镇自兴村羊磨子组发生山洪泥石流，造成1人死亡、1人失联。根据四川省水利厅编制的《四川省山洪灾害补充调查评价技术要求(2021—2023)》，对宝兴县96个危险区开展了山洪灾害补充调查，查清了危险区域内人口分布及房屋情况，并分析计算危险区小流域暴雨洪水，为当地山洪灾害防治提供支持。本书以宝兴县蜂桶寨乡快乐沟小流域(流域面积 12.28km², 河道长度 6.8km，流域平均比降 17.3%，如图 2.1 所示)为研究对象，分别采用推理公式法和瞬时单位线法推求设计暴雨洪水。

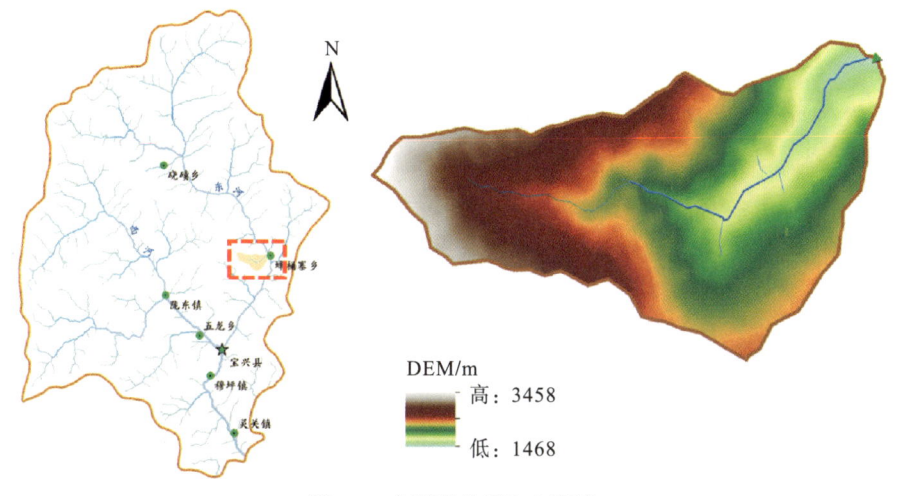

图 2.1 宝兴县快乐沟小流域

1. 推理公式法

根据宝兴县快乐沟小流域所在位置，参照《四川省中小流域暴雨洪水计算手册》，确定该流域产流参数 μ 及汇流参数 m 值，计算公式如下：

$$\mu = 6F^{-0.19} \tag{2.23}$$

$$m = 0.318\theta^{0.204} \tag{2.24}$$

依据 μ、m 值，采用式(2.15)试算设计洪水，具体步骤如下：

①确定设计流域 F、L、J 值；

②计算 $\theta = \dfrac{L}{J^{\frac{1}{3}}F^{\frac{1}{4}}}$，并采用式(2.24)计算汇流参数 m；

③根据《四川省中小流域暴雨洪水计算手册》确定设计流域暴雨特征值：1h、6h 和 24h 最大点雨量均值 $\overline{H_t}$ 以及相应的 C_s、C_v、n_1、n_2、n_3 等，按 $C_s = 3.5C_v$ 查取设计频率的模比系数 K_p，由式(2.1)~式(2.5)计算 S_p；

④假定以 n_2 作初试计算（对于流域面积很小的设计流域，可先以 n_1 试算），按照式(2.25)计算 τ_0（当 $\psi = 1$ 时的流域汇流时间）：

$$\tau_0 = \left(\dfrac{0.383}{\dfrac{m}{\theta} S_p^{0.25}} \right)^{\frac{4}{4-n}} \tag{2.25}$$

⑤根据式(2.23)计算的产流参数 μ 确定 $\dfrac{\mu}{S_p}\tau_0^{\,n}$ 值，再以式(2.26)计算 ψ 值：

$$\psi=1-1.1\frac{\mu}{S_p}\tau_0^n \qquad (2.26)$$

式(2.26)与(2.10)同为流域全面汇流时的洪峰径流系数计算式,不同之处在于式(2.10)为理论公式,式(2.26)为根据多年实测资料对该理论公式的经验修正。

⑥由式(2.27)计算流域汇流时间τ,如果$\tau>6\text{h}$或$\tau<1\text{h}$,则应改用n_3或n_1计算相应S_p,从第④步重新计算;

$$\tau=1-\tau_0\psi^{\frac{1}{4-n}} \qquad (2.27)$$

⑦采用式(2.15)计算设计频率洪峰流量;

⑧校核:根据式(2.15)由第⑦步确定的洪峰流量反算m',与第②步确定的m值进行对比,若两者接近,则设计洪水结果可靠,否则从第④步开始重新计算。

宝兴县快乐沟小流域不同频率设计洪水计算结果如下:

步骤①、②、③的计算值见表2.3。

表2.3 快乐沟小流域参数

流域	F/km²	L/km	J	θ	m	$\overline{H}_{24}$/mm	C_{v24}	$\overline{H}_6$/mm	C_{v6}	$\overline{H}_1$/mm	C_{v1}
快乐沟	12.28	6.8	0.173	6.5	0.466	80.0	0.38	65.0	0.46	27.0	0.35

根据步骤④~⑧,先假定以n_2作初始计算,具体见表2.4,计算的汇流历时τ在1~6h内,m'与m十分接近,可直接采用n_2计算值。

表2.4 快乐沟小流域设计暴雨洪峰流量计算结果

p	H_{6p}/mm	H_{1p}/mm	n_2	S_p/(mm/h)	τ_0/h	μ/(mm/h)	ψ	τ/h	Q_{mp}/(m³/s)	m'
1%	166.4	57.0	0.402	56.975	2.098	5.253	0.863	2.186	123	0.4659
2%	148.2	51.8	0.414	51.844	2.160	5.030	0.853	2.257	108	0.4659
5%	123.5	45.1	0.438	45.093	2.258	4.732	0.835	2.375	88	0.4659
10%	104.7	39.7	0.459	39.693	2.352	4.471	0.817	2.490	73	0.4659
20%	85.2	34.0	0.488	34.022	2.475	4.173	0.790	2.647	57	0.4659

2. 瞬时单位线法

①由1984年四川省水利电力厅编制的《四川省中小流域暴雨洪水计算手册》查取快乐沟小流域中心位置1h、6h、24h最大点雨量均值$\overline{H}_t$、变差系数C_v,见

表 2.3。通过查算设计频率模比系数 K_p（$C_s = 3.5C_v$），按式(2.1)计算频率为 p，历时为 1h、6h 的点雨量值 H_{1p}、H_{6p}，如表 2.4 所示。根据快乐沟小流域所处位置，由《四川省中小流域暴雨洪水计算手册》查得 6h 面雨量折减系数 α_6''，再采用公式 $\alpha_{6修正}'' = 0.94\alpha_6''$ 对面雨量折减系数进行修正，计算小流域平均面雨量。以百年一遇（p=1%）设计 6h 面雨量为例，$H_{6面}$=0.94×1×166=156.4mm。

②流域设计降雨过程：由《四川省中小流域暴雨洪水计算手册》查取该流域 6h 设计雨型分配比值，将 $H_{6面}$ 乘以时段分配比得 6h 设计降雨过程，见表 2.5。

表 2.5 快乐沟小流域百年一遇 6h 设计降雨过程

项目	时段/h					
	1	2	3	4	5	6
雨型分配比	0.115	0.154	0.344	0.183	0.118	0.086
设计降雨过程/mm	18.0	24.1	53.8	28.6	18.5	13.4

③根据《四川省中小流域暴雨洪水计算手册》中暴雨损失量 I_f 综合分区，宝兴县位于 III_2 区（青衣江暴雨区及岷江下游），从该手册查取宝兴县地区暴雨损失量 I_f 为 15～40mm，流域最大损失量 I_m 为 80～90mm。

④根据《四川省中小流域暴雨洪水计算手册》确定位于盆西山地的宝兴县流域平均稳定入渗率 f_c 为 1.2mm/h。

⑤从设计暴雨过程中扣除初损及稳定入渗，可得设计净雨过程。

以该流域最大损失量 I_m 代替土壤饱和含水量 W_m，取均值 85mm，考虑土壤前期含水量对初损的影响计算净雨，一般按 0.8 倍土壤饱和含水量进行扣损，即初损量为 17mm；扣除初损后，逐时段扣除每个降雨时段的稳定入渗量 $f_c\Delta t$，若时段平均雨强小于 f_c，则扣除该时段全部雨量。蓄满产流计算的扣损一般指长历时充分降雨时的损失量，由于诱发山洪的小流域一般为短历时暴雨，土壤水分的补充受降雨强度限制，扣损量应适当减小，根据 2014 年全国山洪灾害防治项目组编制的《山洪灾害分析评价技术要求》，需对短历时暴雨扣损进行调整。为此，本案例计算百年一遇设计净雨时，将初损量均匀分配至前 5 个时段，列于表 2.6。

表 2.6 快乐沟小流域百年一遇设计净雨过程

时段/h	1	2	3	4	5	6	合计
设计降雨过程/mm	18.0	24.1	53.8	28.6	18.5	13.4	156.4
暴雨损失量 I_f/mm	3.4	3.4	3.4	3.4	3.4	0	17
扣除 I_f 后的降雨过程/mm	14.6	20.7	50.4	25.2	15.1	13.4	139.4

续表

时段/h	1	2	3	4	5	6	合计
稳定入渗量 $f_c\Delta t$ /mm	1.2	1.2	1.2	1.2	1.2	1.2	7.2
设计净雨过程/mm	13.4	19.5	49.2	24.0	13.9	12.2	132.2

⑥推求综合瞬时单位线汇流参数 $m_{1,i}$、k。根据设计流域 F、L、J 等参数及流域下垫面特点及《四川省中小流域暴雨洪水计算手册》的综合瞬时单位线汇流参数分区，确定设计流域所在分区的汇流参数式，具体见式(2.28)。根据设计净雨过程，计算平均净雨强度（$\overline{h_R} = h_R/t_c$），按式(2.29)计算参数 $m_{1,i}$、k。

$$\begin{cases} m_{1,10} = 2.9035 F^{0.1712} J^{-0.2886} \left(F/L^2\right)^{-0.0751} \\ b' = 1.6301 - 0.4184 \lg F \\ n' = 1.5272 \left(F/L^2\right)^{-0.2414} J^{-0.0186} \end{cases} \quad (2.28)$$

$$m_{1,i} = m_{1,10} \left(\frac{\overline{h_R}}{10}\right)^{-b'}, \quad k = \frac{m_{1,i}}{n'} \quad (2.29)$$

⑦由瞬时单位线参数 n'、k 推求时段单位线。由参数 n'、k 及 $\Delta t = 1h$ 计算各时段 t/k 值，根据 n' 和 t/k 值在《四川省中小流域暴雨洪水计算手册》的 $s(t)$ 曲线表中查取各时段 $s(t)$ 值。将 $s(t)$ 值后移一个时段得 $s(t-1)$，将各时段 $s(t)$ 减去 $s(t-1)$ 即为所求时段单位线 $u(1,t)$。

⑧由时段单位线推求地表径流过程。根据设计净雨过程，采用时段单位线 $u(1,t)$ 推求地面径流过程，即用时段净雨量乘以 $u(1,t)$，可得该时段净雨形成的地表径流过程，将各时段地表径流过程累加求和再乘以流量换算系数 $\kappa = F/3.6\Delta t$，即得设计地表径流过程。此外，考虑山洪过程历时短，具有显著陡涨陡落特征，故一般以设计地表径流过程代替设计山洪洪水过程。快乐沟小流域百年一遇设计洪水如表 2.7 所示。同理，可计算其他设计频率洪峰流量，汇总于表 2.8。

表 2.7 快乐沟小流域百年一遇设计洪水

t /h	t/k	$s(t)$	$s(t-1)$	$u(1,t)$ /h^{-1}	\multicolumn{7}{c}{时段净雨量/mm}	地表径流过程/(m³/s)
					13.4	19.5	49.2	24.0	13.9	12.3	合计	
0	0.000	0.000		0.000	0.0						0.0	0.0
1	3.128	0.835	0.000	0.835	11.2	0.0					11.2	38.1
2	6.257	0.988	0.835	0.153	2.0	16.3	0.0				18.3	62.5
3	9.385	0.999	0.988	0.011	0.2	3.0	41.1	0.0			44.3	150.9

续表

t/h	t/k	$s(t)$	$s(t-1)$	$u(1,t)$ /h^{-1}	时段净雨量/mm						合计	地表径流过程/(m³/s)
					13.4	19.5	49.2	24.0	13.9	12.3		
4	12.513	1.000	0.999	0.001	0.0	0.2	7.5	20.1	0.0		27.8	94.9
⋮		1.000	0.000			0.0	0.6	3.7	11.6	0.0	15.9	43.2
							0.0	0.3	2.1	10.2	12.6	7.0
								0.0	0.2	1.9	2.1	0.5
									0.0	0.1	0.1	0.0
										0.0	0.0	0.0

表2.8 快乐沟小流域设计洪峰流量(瞬时单位线法)

流域	Q_{mp}/(m³/s)				
	p=1%	p=2%	p=5%	p=10%	p=20%
快乐沟	151	133	108	87	62

3. 设计洪水计算结果合理性分析

1)推理公式法

基本假设：假定降雨强度、径流系数在流域汇流时间内时空分布均匀。假定流域形状为矩形，基流为0，流域最远处水质点到达集水流域出口断面时形成的流量最大。

适用条件：流域面积越小越符合该方法的基本假定，主要适用于面积300km²以下的中小流域设计洪峰流量的估算。该方法没有考虑流域调蓄作用，仅考虑了地面径流，在工程上仅适用于山丘区。

2)瞬时单位线法

基本假设：假定单位时段净雨量形成的地面径流过程的总历时不变，单位时段内N倍单位净雨量形成的径流过程是单位线的N倍，各时段净雨形成的径流过程互不影响，出口断面流量等于各时段净雨量形成的流量之和。

适用条件：该方法考虑了流域调蓄作用，可广泛适用于面积1000km²以下中小流域。

3)设计洪水成果对比

将推理公式法和瞬时单位线法推算的不同频率设计洪峰流量汇总，详见表2.9。

表 2.9　快乐沟小流域不同方法设计洪峰流量比较

流域	计算方法	$Q_{mp}/(m^3/s)$				
		$p=1\%$	$p=2\%$	$p=5\%$	$p=10\%$	$p=20\%$
快乐沟	推理公式法	123	108	88	73	57
	瞬时单位线法	151	133	108	87	62
	相对误差/%	23.4	23.5	23.1	19.1	9.2

由表 2.9 可知，两种方法计算的洪峰流量偏差较小，其中瞬时单位线法计算值偏大。从两种方法的适用条件看，面积较小的快乐沟流域更倾向于适用推理公式法。参考 2017 年宝兴县山洪灾害调查评价项目计算结果，流域面积小于 300km² 的流域采用推理公式法，大于 300km² 的流域采用瞬时单位线法。因此，本案例四川宝兴快乐沟小流域暴雨设计洪水采用推理公式法所得计算值。

2.3.2　黄土高原区——陕西甘泉暴雨山洪洪水计算

甘泉县位于陕西省延安地区中部，地处黄土高原丘陵沟壑区，地貌特征为东南-西北长，东北-西南窄，地势由西北向东南倾斜，海拔 1071~1415m。洛河由西北向东南纵贯全县，河谷地较为平坦，流域面积约占全县总面积 10%，其余均为黄土梁峁丘陵沟壑区。甘泉县降水时空分布不均，主要集中于 6~9 月，占全年降水量的 60%，多为短历时大雨或暴雨，空间分布上降水随纬度增加而减少。受复杂地貌和突发暴雨影响，甘泉县常发生暴雨山洪事件。据《甘泉县志》记载，1953 年 8 月 18 日，洛河大水造成道镇村 2 人死亡；1977 年，暴雨山洪毁坏农田 1088 亩，冲毁大小水利工程 74 处；1977 年 7 月 27 日，崂山公社突降大雨，洪水冲毁土坝 5 座，淹没农田 530 亩；1977 年 7 月 28 日，石门公社北沟突降暴雨，冲毁石坝 8 座、土坝 20 座，淹没农田 117 亩；1982 年 6 月 14 日，城关镇大暴雨，29min 降水 432mm，县城南瓦窑沟洪水流量达 81.3m³/s。此外，2018 年 6 月 18 日，甘泉县下寺湾镇蛇河沟村突降暴雨，诱发山洪泥石流，致使蛇河沟大峡谷 17 名游客被困。为保障甘泉县山区人民生命财产安全，陕西省水文局于 2016 年批复了 50 个沿河村落作为该县山洪灾害防治区。本书以甘泉县下寺湾镇田家沟小流域（流域面积 17.14km²，河道长度 6.34km，流域平均比降 1.6%，如图 2.2 所示）为研究对象，分别采用面积相关法、综合参数法、瞬时单位线法及推理公式法推求暴雨设计洪水。

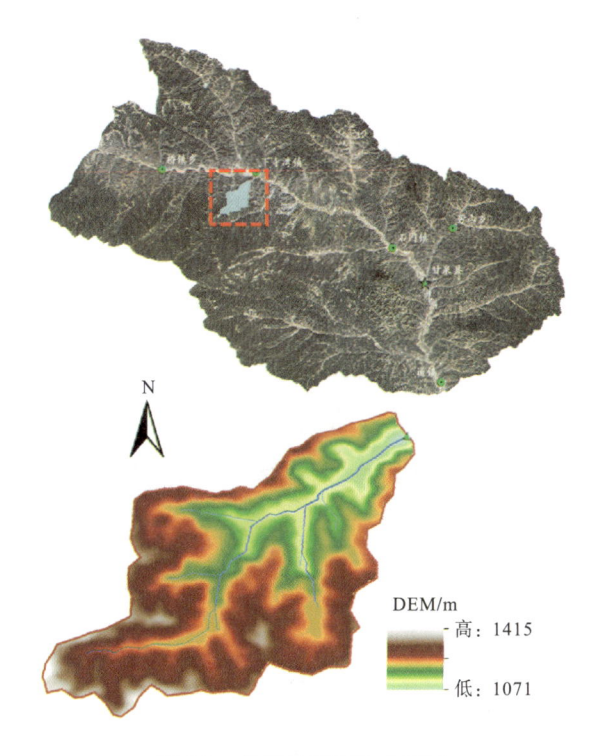

第 2 章 无资料地区小流域暴雨山洪设计洪水计算方法

图 2.2 甘泉县田家沟小流域

1. 设计暴雨计算

依照 1987 年延安地区水利局编制的《延安地区实用水文手册》查取该小流域中心位置处 $\frac{1}{6}$ h、1h、3h、6h、12h、24h 最大点雨量均值 $\overline{H_t}$、变差系数 C_v，按 $C_s = 3.5C_v$ 查取不同设计频率 K_p（表 2.10），按式（2.1）计算频率为 p，历时为 t 的点雨量值 H_{tp}，见表 2.11。

表 2.10 田家沟小流域不同设计频率暴雨参数

历时/h	年最大各历时点雨量统计参数			K_p				
	$\overline{H_t}$/mm	C_v	C_s/C_v	$p=1\%$	$p=2\%$	$p=5\%$	$p=10\%$	$p=20\%$
1/6	13.1	0.52	3.5	2.83	2.48	2.03	1.69	1.33
1	28.3	0.53	3.5	2.87	2.52	2.05	1.70	1.34
3	36.0	0.59	3.5	3.15	2.73	2.18	1.76	1.35
6	47.3	0.57	3.5	3.06	2.66	2.14	1.74	1.35
12	54.5	0.55	3.5	2.96	2.58	2.10	1.72	1.34
24	68.7	0.55	3.5	2.96	2.58	2.10	1.72	1.34

表 2.11　田家沟小流域不同设计频率点暴雨量

历时/h	年最大各历时点雨量统计参数			H_{tp}/mm				
	$\bar{H}_t$/mm	C_v	C_s/C_v	p=1%	p=2%	p=5%	p=10%	p=20%
1/6	13.1	0.52	3.5	37.1	32.5	26.8	22.1	17.4
20	18.6	0.53	3.5	53.4	46.8	38.1	31.6	24.8
1	28.3	0.53	3.5	81.2	71.2	58.0	48.1	37.8
3	36.0	0.59	3.5	113.4	98.1	78.5	63.4	48.6
6	47.3	0.57	3.5	144.5	125.6	101.2	82.3	63.9
12	54.5	0.55	3.5	161.3	140.6	114.5	93.7	73.0
24	68.7	0.55	3.5	203.4	177.2	144.3	118.2	92.1

对小于 10km² 的小流域，以流域中心点暴雨量代替面平均雨量；对大于 10km² 且小于 1000km² 的中小流域，采用点面系数将设计点雨量转换为设计面雨量，点面系数为

$$\alpha_t = \frac{1}{(1+aF)^b} \quad (2.30)$$

式中，α_t 为历时为 t 的暴雨点面系数；a、b 为系数，具体取值见表 2.12。

表 2.12　田家沟小流域设计暴雨点面系数

历时/h	a	b
1	0.01840	0.3131
3	0.01400	0.2470
6	0.00924	0.2090
12	0.00735	0.1972
24	0.00656	0.1870

由式(2.30)的点面系数，进一步将表 2.11 的点暴雨转化为面暴雨，见表 2.13。

表 2.13　田家沟小流域不同频率设计面雨量

历时/h	α_t	不同频率设计面雨量/mm				
		p=1%	p=2%	p=5%	p=10%	p=20%
1	0.918	74.5	65.3	53.2	44.2	34.7
3	0.948	107.5	93.0	74.4	60.1	46.1
6	0.970	140.1	121.8	98.2	79.8	61.9
12	0.977	157.6	137.4	111.8	91.6	71.3
24	0.980	199.3	173.7	141.4	115.8	90.2

根据《延安地区实用水文手册》，甘泉县设计暴雨历时按流域面积分三级进行暴雨时程分配：小于 100km² 设计历时采用 6h；介于 100～300km² 采用 12h；介于 300～1000km² 采用 24h。由此可知，田家沟小流域按 6h 设计暴雨雨型（表 2.14）进行分配，见表 2.15。

表 2.14 甘泉县 6 h 设计暴雨雨型

	历时/h	1	2	3	4	5	6
雨型分配/%	H_1		100				
	$H_3 - H_1$	50.8		49.2			
	$H_6 - H_3$				44.6	32.5	22.9

表 2.15 田家沟小流域暴雨时程分配

历时/h	不同频率时段雨量分配/mm				
	$p=1\%$	$p=2\%$	$p=5\%$	$p=10\%$	$p=20\%$
1	16.8	14.1	10.8	8.1	5.8
2	74.5	65.3	53.2	44.2	34.7
3	16.2	13.6	10.4	7.8	5.6
4	14.5	12.8	10.6	8.8	7.1
5	10.6	9.3	7.7	6.4	5.1
6	7.5	6.6	5.4	4.5	3.6

2. 设计洪水计算

1）面积相关法

根据《延安地区实用水文手册》查得位于黄土塬区的田家沟小流域的经验指数 α 为 0.66，百年、五十年、二十年及十年一遇的 C_p 值分别为 22.9、18.3、13.8 及 9.16。将相关参数代入式（2.20），计算不同频率设计洪水，列于表 2.16。

表 2.16 汇水面积相关法设计洪水

设计频率	C_p	α	F /km²	Q_{mp}/(m³/s)
$p=1\%$	22.9	0.66	17.14	149
$p=2\%$	18.3	0.66	17.14	119
$p=5\%$	13.8	0.66	17.14	90
$p=10\%$	9.16	0.66	17.14	60

2) 综合参数法

根据《延安地区实用水文手册》，田家沟小流域综合参数法表现形式为

$$Q_p = Cp^\eta F^\beta \phi^\gamma H_{3p}^{\alpha'} \tag{2.31}$$

式中，H_{3p} 为设计重现期为 p 的 3h 面雨量，mm，见表 2.13。

根据《延安地区实用水文手册》查参数 C、α'、β、γ、η 分别为 1.21、0.43、0.65、0.18、0.26。设计洪水结果见表 2.17。

表 2.17 综合参数法设计洪水

C	η	β	γ	α'	F /km²	ϕ	重现期/年	H_{3p}/mm	Q_{mp}/(m³/s)
							100	107.5	163
							50	93.0	128
1.21	0.26	0.65	0.18	0.43	17.14	0.43	20	74.4	91
							10	60.1	70
							5	46.1	52

3) 推理公式法

甘泉县地处黄土高原，气候干燥，雨量较少，植被条件差，黄土层深厚，地下水埋藏深，土壤常处于干旱状态，包气带不可能达到饱和，产流方式为超渗产流，即当雨强 $i < \mu$ 时不产生地面径流，Δt 时段内土壤含水量增量 $\Delta W_m'$ 为 $i \cdot \Delta t$；当 $i > \mu$ 时，地面径流 $R = (i - \mu)\Delta t$。计算公式为

当 $W_m' < 100$mm 时，

$$\mu = 1.62 S^{-0.374} i^{0.565} \tag{2.32}$$

当 $W_m' \geq 100$mm 时，

$$\mu = 3.5 \text{mm/h} \tag{2.33}$$

式中，W_m' 为土壤含水量，设计条件下土壤前期含水量为 33mm；μ 为产流参数，mm/h。

根据式(2.32)及式(2.33)，以百年一遇设计净雨计算为例，由表 2.15 的面雨量过程推算净雨过程，见表 2.18。

表 2.18 田家沟小流域百年一遇设计净雨过程

历时/h	面降雨过程/mm	W_m'/mm	μ/(mm/h)	产流过程/mm	入渗量/mm	累积净雨/mm
1	16.8	33.0	12.8	4.0	12.8	4.0

续表

历时/h	面降雨过程/mm	W'_m/mm	μ/(mm/h)	产流过程/mm	入渗量/mm	累积净雨/mm
2	74.5	45.8	26.3	48.2	26.3	52.2
3	16.2	72.1	9.4	6.8	9.4	59.0
4	14.5	81.5	8.4	6.1	8.4	65.1
5	10.6	89.9	6.8	3.8	6.8	68.9
6	7.5	96.7	5.4	2.1	5.4	71.0

采用图解法计算设计洪水,首先假定一组t_c,将计算的净雨量代入式(2.15)计算Q_m,并绘制$Q_m \sim t_c$曲线;同理假定一组Q_m,根据式(2.15)计算的τ绘制$Q_m \sim \tau$曲线,两条曲线交点的纵坐标即为该频率的设计洪峰流量,横坐标为汇流历时。以百年一遇设计洪水计算为例,计算得到洪峰流量为170m³/s,汇流历时为1.8h,如图2.3所示。同理,其他设计频率洪峰流量计算值见表2.19。

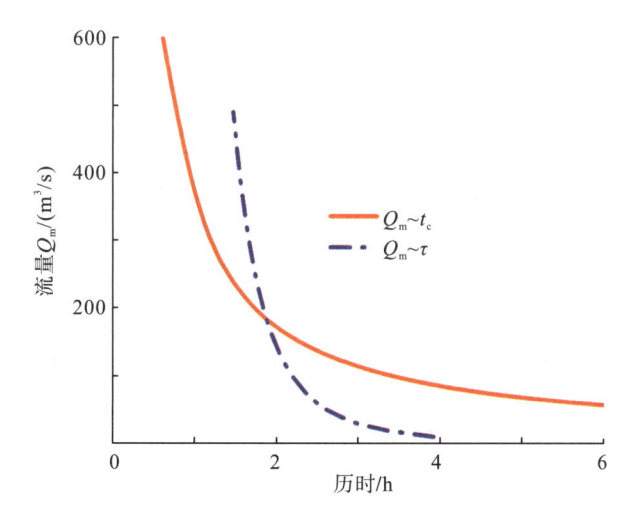

图2.3 田家沟小流域百年一遇设计洪水

表2.19 田家沟小流域设计洪峰流量(推理公式法)

流域	Q_{mp}/(m³/s)				
	$p=1\%$	$p=2\%$	$p=5\%$	$p=10\%$	$p=20\%$
田家沟	170	130	79	50	28

4)瞬时单位线法

根据《延安市实用水文手册》的流域汇流参数公式计算$m_{1,i}$、k、n'等参数。通过计算的n'和时段t/k值确定各时段的$s(t)$值。将各时段$s(t)$后移一个时段得

到 $s(t-1)$，两者相减即为时段单位线 $u(1,t)$。根据设计净雨过程采用时段单位线 $u(1,t)$ 推求地面径流过程。田家沟小流域百年一遇设计洪水过程见表 2.20。与此类似，其他设计频率洪峰流量计算值列于表 2.21。

表 2.20 田家沟小流域百年一遇设计洪水

t/h	百年一遇单位线计算表				时段净雨量/mm						地表径流量/(m³/s)
	t/k	$s(t)$	$s(t-1)$	$u(1,t)$/h⁻¹	4.0	48.3	6.9	6.1	3.8	2.0	合计	
0	0.00	0.00		0.00	0.0						0.0	0.0
1	0.91	0.71	0.00	0.71	2.8	0.0					2.8	13.5
2	1.81	0.90	0.71	0.18	0.7	34.5	0.0				35.2	167.7
3	2.72	0.96	0.90	0.06	0.3	8.8	4.9	0.0			14.0	66.6
4	3.62	0.99	0.96	0.02	0.1	3.1	1.2	4.4	0.0		8.8	42.0
5	4.53	0.99	0.99	0.01	0.0	1.2	0.5	1.1	2.7	0.0	5.5	26.0
6	5.44	1.00	0.99	0.00		0.4	0.2	0.4	0.7	1.5	3.2	15.0
			1.00	0.00		0.2	0.1	0.1	0.2	0.4	1.0	4.7
						0.1	0.0	0.1	0.1	0.1	0.4	1.7
							0.0	0.0	0.0	0.0	0.0	0.0

表 2.21 田家沟小流域设计洪峰流量（瞬时单位线法）

流域	Q_{mp}/(m³/s)				
	p=1%	p=2%	p=5%	p=10%	p=20%
田家沟	168	141	106	80	51

3. 设计洪水结果合理性分析

面积相关法、综合参数法、推理公式法和瞬时单位线法均为计算设计洪水常用方法。面积相关法和综合参数法属经验公式，形式较为简单。瞬时单位线法与推理公式法有一定物理基础，国内应用较广。田家沟小流域不同方法计算结果见表 2.22。

表 2.22 田家沟小流域不同方法设计洪峰流量对比

流域	计算方法	$Q_{1\%}$/(m³/s)	$Q_{2\%}$/(m³/s)	$Q_{5\%}$/(m³/s)	$Q_{10\%}$/(m³/s)	$Q_{20\%}$/(m³/s)
田家沟	面积相关法	149	119	90	60	
	综合参数法	163	128	91	70	52
	推理公式法	170	130	79	50	28
	瞬时单位线法	168	141	106	80	51

由表 2.22 可知，瞬时单位线法计算值相对较大，综合参数法与面积相关法较为接近，推理公式法计算低频率洪水与两种经验公式法的结果较为接近，而计算的高频率设计洪水偏小，从山洪灾害防御安全角度来讲，推理公式法的结果相比其他方法较安全。此外，推理公式法采用符合流域特征的经验参数，也是《延安市实用水文手册》推荐的设计洪水计算方法，本案例陕西甘泉田家沟小流域暴雨设计洪水采用推理公式法的计算值。

2.3.3 青藏高原区——西藏米林暴雨山洪洪水计算

米林县地处西藏自治区东南部，雅鲁藏布江中下游，属高原温带半湿润性季风气候。米林县东西狭长，西高东低，多宽谷，全县平均海拔 3700m。米林县境内河流众多，雅鲁藏布江从西向东横贯全境。米林县位于雅鲁藏布江大断裂带附近，地质构造复杂，暴雨作用下易形成山洪。例如，2018 年 10 月 17 日，西藏米林县派镇加拉村发生特大山洪泥石流，堵塞雅鲁藏布江干流，形成巨型堰塞湖，给当地居民和重大基础设施造成严重灾害。本书以米林县丹娘乡鲁霞普曲小流域(流域面积 122km²，河道长度 23km，流域平均比降 4.4%，见图 2.4)为研究对象，分别采用西藏地区经验公式法、推理公式法及水文比拟法推求其设计洪水。

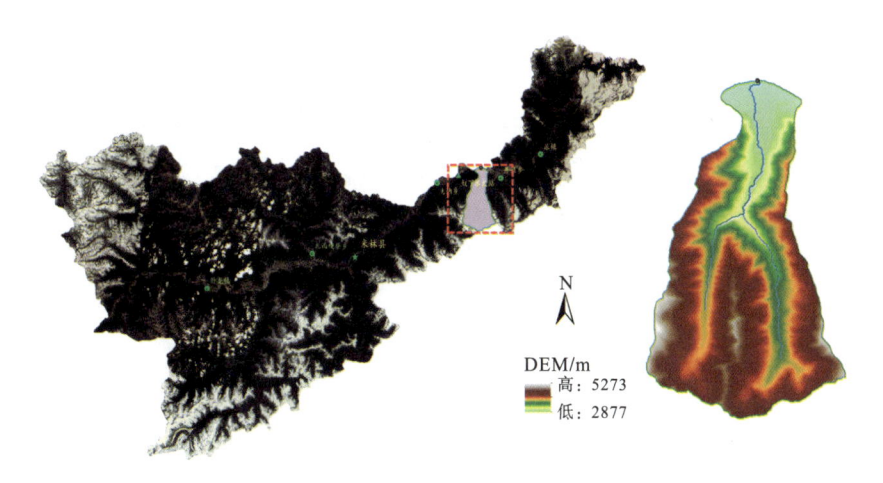

图 2.4 米林县鲁霞普曲小流域

1. 西藏地区经验公式法

该方法基于西藏及邻近省(自治区、直辖市)100 多个测站的实测径流资料提出，广泛应用于西藏无资料地区中小流域水利工程设计洪水计算，基本形式为

$$\overline{Q_\mathrm{m}} = C' F^{0.74} H_0^{1.37} \tag{2.34}$$

式中，$\overline{Q_\mathrm{m}}$ 为年最大洪峰流量均值，m³/s；C' 为系数，取值为 0.00015～0.00020，

随流域面积 F 变化稍有不同，当 $F\leqslant 200\text{km}^2$ 时，$C'=0.00020$，当 $200<F\leqslant 500\text{km}^2$ 时，$C'=0.00018$，当 $F>500\text{km}^2$ 时，$C'=0.00015$；H_0 为流域多年平均降水量，mm。

由《中国暴雨统计参数图集》(水利部水文局和南京水利科学研究院，2006)降水量均值等值线图查得米林县地区多年平均降水量 H_0 为 2000mm，采用式(2.34)计算该流域年最大洪峰流量均值(表 2.23)。根据《中国暴雨统计参数图集》(水利部水文局和南京水利科学研究院，2006)最大点雨量变差系数等值线图，查得该流域 C_v 值为 0.4，按 $C_s=3.5C_v$ 查取不同设计频率的模比系数 K_p，由此可推算不同设计频率洪峰流量，见表 2.23。

表 2.23　鲁霞普曲小流域设计洪峰流量(西藏地区经验公式法)

F /km²	C'	$\bar{Q}_m$ /(m³/s)	$Q_{1\%}$ /(m³/s)	$Q_{2\%}$ /(m³/s)	$Q_{5\%}$ /(m³/s)	$Q_{10\%}$ /(m³/s)	$Q_{20\%}$ /(m³/s)
122	0.0002	233	538	485	415	356	298

2. 推理公式法

(1)由《中国暴雨统计参数图集》(水利部水文局和南京水利科学研究院，2006)查取该流域年最大 1h、6h、24h 点雨量均值及变差系数，按式(2.1)计算设计点暴雨，见表 2.24。

表 2.24　鲁霞普曲小流域设计暴雨

历时/h	C_v	K_p					不同频率设计暴雨量/mm				
		$p=1\%$	$p=2\%$	$p=5\%$	$p=10\%$	$p=20\%$	$p=1\%$	$p=2\%$	$p=5\%$	$p=10\%$	$p=20\%$
24	0.4	2.31	2.08	1.78	1.53	1.28	69.3	62.4	53.4	45.9	38.4
6	0.4	2.31	2.08	1.78	1.53	1.28	46.2	41.6	35.6	30.6	25.6
1	0.4	2.31	2.08	1.78	1.53	1.28	23.1	20.8	17.8	15.3	12.8

(2)计算推理公式法中暴雨衰减指数 n、平均降雨损失强度 μ 及汇流参数 m。根据表 2.24 的设计暴雨和设计历时按式(2.7)计算平均暴雨强度 i_{tp}，并绘制 $i_{tp}\sim p\sim t$ 双对数坐标曲线(图 2.5)，由曲线斜率可确定该流域暴雨衰减指数 n 约为 0.65。

鲁霞普曲小流域土壤主要为高山黑毡土，粉黏粒含量低，平均降雨损失强度 μ 取 10mm/h(参考表 2.1 中稳渗率)，汇流参数 m 取 1.30(参考表 2.2)，将其代入式(2.15)，采用图解法计算不同频率设计洪水，百年一遇设计洪水如图 2.6 所示，其他频率设计洪水列于表 2.25。

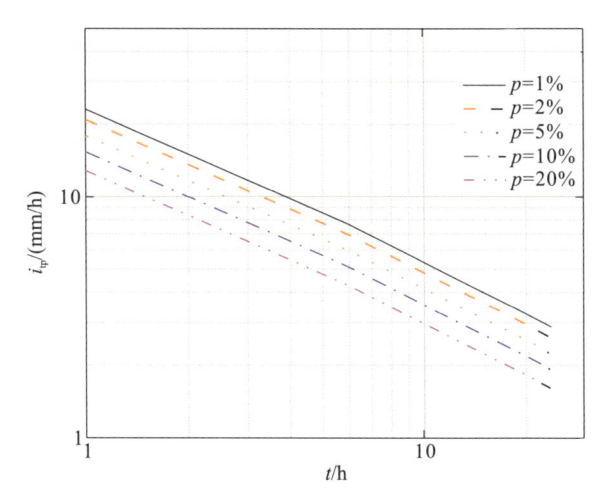

图 2.5　鲁霞普曲小流域 $i_{tp}\sim p\sim t$ 双对数坐标曲线

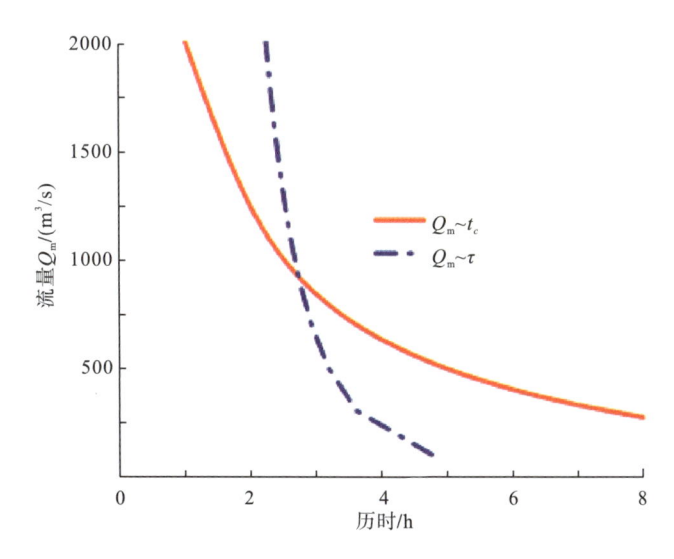

图 2.6　鲁霞普曲小流域百年一遇设计洪水

表 2.25　鲁霞普曲小流域设计洪峰流量（推理公式法）

流域	$Q_{mp}/(m^3/s)$				
	p=1%	p=2%	p=5%	p=10%	p=20%
鲁霞普曲	850	720	520	355	180

3. 水文比拟法

鲁霞普曲小流域的下垫面条件与米林县奴下水文站（表 2.26）的控制流域相似，且两个流域的地理位置相邻，因而鲁霞普曲小流域的设计洪水可依据奴下水文站的洪水资料按水文比拟法估算。通过分析奴下水文站 1955~1982 年实测完整年最大流量系列资料，采用矩法初估最大流量序列统计参数，并依据适线法（P-Ⅲ型曲线）调整统计参数，得到奴下水文站设计洪水频率曲线（图 2.7），由此可确定不同设计频率的洪峰流量，见表 2.27。采用式（2.22），以奴下站设计洪峰流量推算鲁霞普曲小流域的设计洪水，见表 2.28。

表 2.26　奴下水文站情况

站名	经度	纬度	水系	河名	流域面积/km²	观测项目及资料年限	
						水位	流量
奴下站	94.567°E	29.45°N	雅鲁藏布江	雅鲁藏布江	191222	1955~1982 年	1955~1982 年

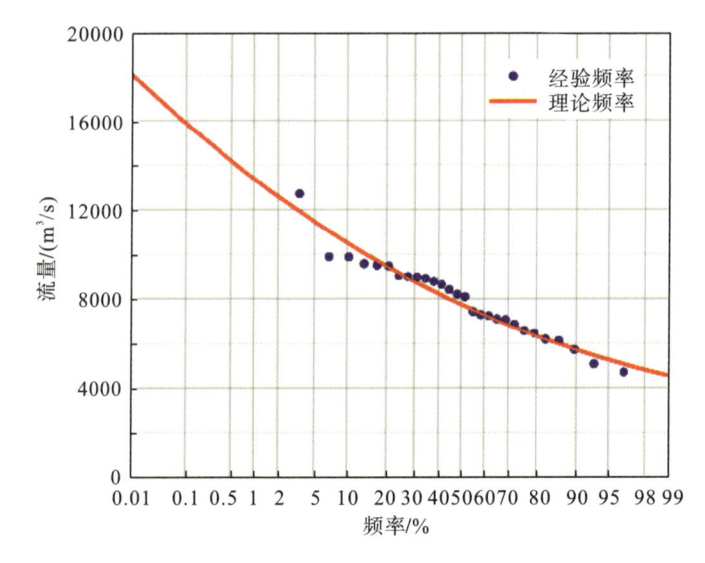

图 2.7　奴下水文站年最大洪峰流量频率曲线

表 2.27　奴下水文站不同频率设计洪峰流量

平均洪峰流量/(m³/s)	C_v	C_s/C_v	设计年最大洪峰流量/(m³/s)				
			$p=1\%$	$p=2\%$	$p=5\%$	$p=10\%$	$p=20\%$
7957	0.24	3	13375	12571	11438	10504	9462

表 2.28　鲁霞普曲小流域设计洪峰流量（水文比拟法）

设计频率	$p=1\%$	$p=2\%$	$p=5\%$	$p=10\%$	$p=20\%$
Q_{mp}/(m³/s)	99	93	85	78	70

4. 设计洪水结果合理性分析

对比西藏地区经验公式法、推理公式法及水文比拟法的设计洪峰流量(表2.29),水文比拟法所得结果最小,且与其他方法偏差较大,主要原因在于奴下站的流域面积远远大于鲁霞普曲小流域,尽管自然地理条件相似,两流域面积相差太大,水文过程相似性较低,致使比拟结果可靠性差。推理公式法与西藏地区经验公式法的结果在低重现期时较为接近,而高重现期时推理公式法偏大。从计算方法来看,西藏地区经验公式法推求设计洪水主要依赖于流域的统计参数 C_v、C_s,设计洪峰流量仅以流域面积为自变量,难以反映流域形状、沟道比降对设计洪水值的影响,故推理公式法更适用于小流域设计洪水的推算。基于上述分析,本案例西藏米林鲁霞普曲小流域暴雨设计洪水采用推理公式法的计算结果。

表 2.29 鲁霞普曲小流域不同方法设计洪峰流量对比

计算方法	$Q_{mp}/(m^3/s)$				
	$p=1\%$	$p=2\%$	$p=5\%$	$p=10\%$	$p=20\%$
西藏地区经验公式法	538	485	415	356	298
推理公式法	850	720	520	355	180
水文比拟法	99	93	85	78	70

第3章 降雨作用下模块化分布式水文模型

水文模型通过数学和物理方法抽象地描述水文循环过程，从而对水文过程的变化进行模拟和预报。根据流域下垫面表述方法差异可分为集总式水文模型和分布式水文模型，从描述水文过程方法的角度可分为系统模型、概念性模型以及物理模型三类。系统模型一般采用回归分析的方法，利用降雨径流资料建立输入输出的系统响应函数，而不考虑降雨径流之间的物理因果关系，因其不考虑流域下垫面空间分布不均匀性，故系统模型属于集总式模型，其中具有代表性的模型有谢曼单位线模型、线性扰动模型(linear perturbation model，LPM)、非线性系统模型以及神经网络模型等。概念性模型是基于一定物理概念和经验公式构建的，采用概化(如线性水库、蓄水容量曲线)和推理(如下渗曲线、单位线)的方法对流域水文现象进行模拟，它介于经验性的系统模型和完全物理机制模型之间，具有代表性的模型有斯坦福模型、新安江模型、TOPMODEL 模型等。概念性模型可以表征一定的空间变异性，如新安江模型基于蓄水容量曲线表征土壤含水量的空间分布不均匀性，因此概念性模型可以是集总式模型也可以是分布式模型。物理模型一般认为流域上各点的下垫面特征是截然不同的，因此物理模型都是分布式模型。物理模型依据物理定律及流域产汇流特性来模拟流域各单元的降雨径流变化过程，不仅考虑单元垂向的水量交换，同时考虑了不同单元间的水平联系，代表性模型有 SHE 模型、SWAT 模型、流溪河模型等。本书以数字高程模型(digital elevation model，DEM)为基础，构建基于蓄满-超渗兼容产流模式的模块化分布式水文模型(modular distributed hydrological model，MDHM)。

3.1 模型结构及数据处理

3.1.1 模型结构

模型将流域划分为多级子流域与河网，以子流域为计算单元，采用概化的面积分配曲线代表土壤性质的空间异质性，结合蓄满和超渗两种产流模式计算单元内地表径流、壤中流及地下径流的产流量，并根据运动波理论进行坡地及河道汇流计算，通过汇流演算得到流域出口的流量过程。此外，模型主要以概念性和数理性为基础，利用土壤类型、土地利用、植被覆盖等遥感数据确定模型参数，大部分参数具有明确的物理意义，使模型在缺资料或少资料地区具备一定的适用性。

模型基于模块化可持续性的设计理念，将主体结构划分成若干个模块，每个模块有各自的功能，模块之间建立相应的联系，具有易维护性与可拓展性的特点。目前构建的模型主体结构主要包括数据输入模块、产流计算模块、汇流计算模块及结果输出模块四部分。其中数据输入模块的功能是读入水文气象数据、流域地貌特征数据(如坡度、面积、河长等)、土壤及植被特征数据(土壤厚度、饱和含水率、叶面积指数等)。产流计算模块是模型的主要模块之一，用于计算降雨形成净雨过程中的截留、蒸发、下渗、产流等系列过程，产流采用蓄满-超渗兼容产流机制，将扣除截留和蒸发损失后的降雨划分为地表径流、壤中流及地下径流三部分。考虑到土壤含水量垂向分布的不均匀性，将计算单元的土壤划分为表层、上层和下层三层，其中表层和上层为非饱和土壤层，用于地表径流和壤中流的计算，下层为饱和土壤层，用于地下径流的计算。汇流计算模块模拟降水在坡地和河道的汇流过程，其中地表径流、壤中流及河道汇流以运动波理论进行计算，地下径流的汇流采用线性水库进行计算。结果输出模块的功能是根据需求导出模型数值计算的结果，并以图表或文本的形式输出。可输出的变量包括流域截留量、蒸散发量、土壤含水量、不同水源的径流过程等。模型的整体结构如图 3.1 所示。

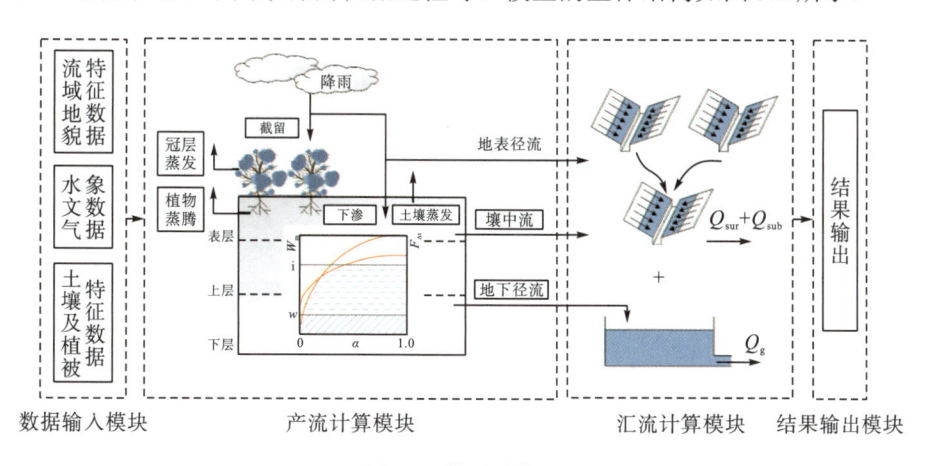

图 3.1 模型结构图

3.1.2 数据处理

模型建模前的数据处理主要包括计算单元划分、流域特征参数提取及降雨数据插值三部分。计算单元划分指依据流域自然地理特征和 Horton-Strahler(霍顿-

斯特拉勒)分级理论,将流域划分为多级子流域和河网,以各级子流域作为模型的计算单元。对于单个子流域而言,其主要由坡面和河道构成,即降雨首先落在坡面上,当满足产流条件后自坡面汇流至河道,在流域分级的基础上,水流按各级子流域和水系的空间拓扑关系依次汇流至流域出口。流域特征参数提取主要通过 DEM、土壤类型、土地利用等数据获取各子流域的几何特征、土壤特征、植被特征等。其中,流域几何特征的主要指标包括流域面积、河道长度、河道形态、平均坡度等;土壤特征包括子流域的土层厚度、下渗能力、特征含水率等;植被特征包括流域的植被覆盖度、叶面积指数等。降雨数据插值是指将现有的站点降雨资料或栅格降雨资料插值成每个计算单元的降雨过程。

模型所需的基础数据一般通过 GIS 软件提取。例如,ArcGIS 软件的水文分析模块(Hydrology)可快速提取子流域以及几何特征因子,对流域 DEM 进行水文分析计算可实现计算单元划分和流域几何特征参数提取,主要包括 DEM 填洼、流向分析、汇流累积量计算、河网提取、河网分级、河道长度计算等,如图 3.2 所示。填洼处理是将 DEM 中洼地处填平,保证流向分析结果的合理性。提取水流方向采用 D8 算法,假设单个网格中的水流只能流入与之相邻的 8 个网格中,基于最陡坡降法确定每个栅格的流向。汇流累积量计算假设每个栅格都有一单位的水量,根据流向结果计算每个栅格点所汇集的上游栅格的数量。根据汇流累积量的计算结果提取流域河网,假定汇流累积量达到一定数量即可形成河流,阈值的选取决定了河网数据的合理性,可结合卫星影像数据和实际水系情况确定最终阈值,并采用 Strahler(斯特拉勒)河流分级法对生成的河网进行分级。基于河网数据划分子流域,并采用坡度(Slope)工具计算子流域的坡度及河道比降。此外,各子流域土壤及植被特征参数可采用将栅格数据按各子流域进行分类后的平均值。

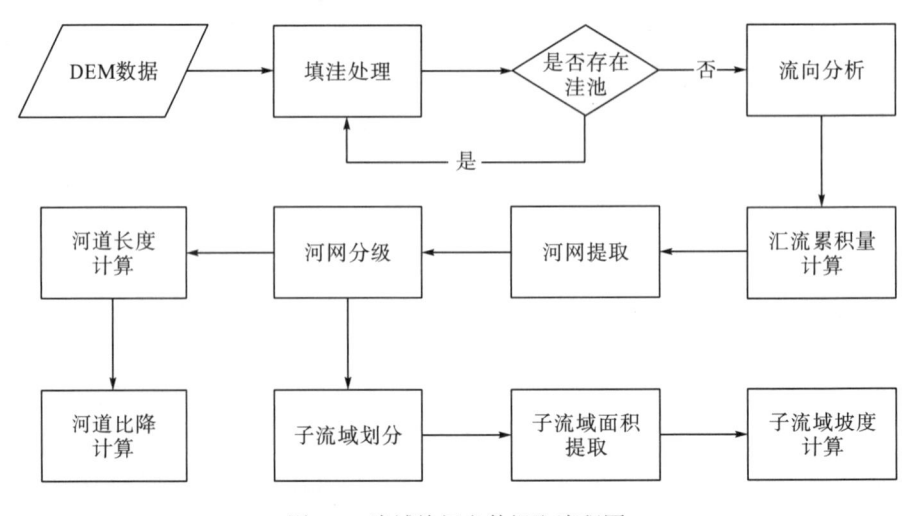

图 3.2　流域特征参数提取流程图

山区小流域降雨数据一般以地面站点监测数据为准，为表征降雨空间分布的不均匀性，在输入前需要对离散的降雨数据进行空间插值，确定每一个计算单元的降雨过程。模型采用泰森多边形插值模型估测流域面雨量，该方法由荷兰气象学家泰森(Thiessen，1911)提出，假设插值点的值与距离最近主控点值相同，据此获得区域降水量，因而又称为最近邻点插值。由泰森多边形法得出每个泰森多边形的面雨量后，根据各子流域中各个泰森多边形所占比重得到各计算单元的降雨过程，如图3.3所示。

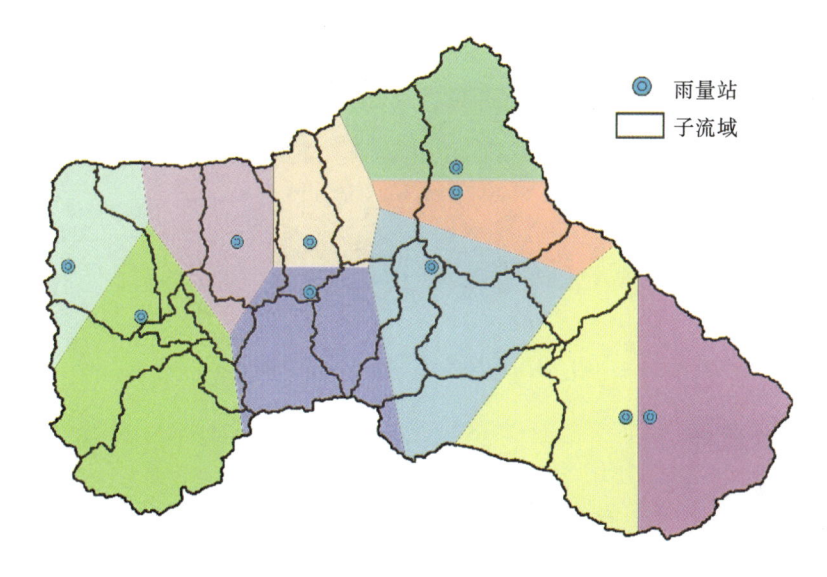

图3.3 泰森多边形推求子流域平均雨量示意图

3.2 产流模块的构建

产流模块主要模拟降雨到达地表经植物截留、地表填洼、下渗及蒸散发损失后转化为不同净雨的过程。模型将产流计算单元沿垂直方向划分为三层：植被层、非饱和层与饱和层(图3.4)。植被层主要考虑降雨截留以及冠层蒸发，计算降落至地面的雨量。对于非饱和层，进一步划分为表层非饱和层与上层非饱和层，非饱和层的土壤作为模型的产流计算层，主要用来确定土壤含水量、各层之间的渗漏量、地表径流和壤中流。饱和层主要进行模型地下径流的计算。

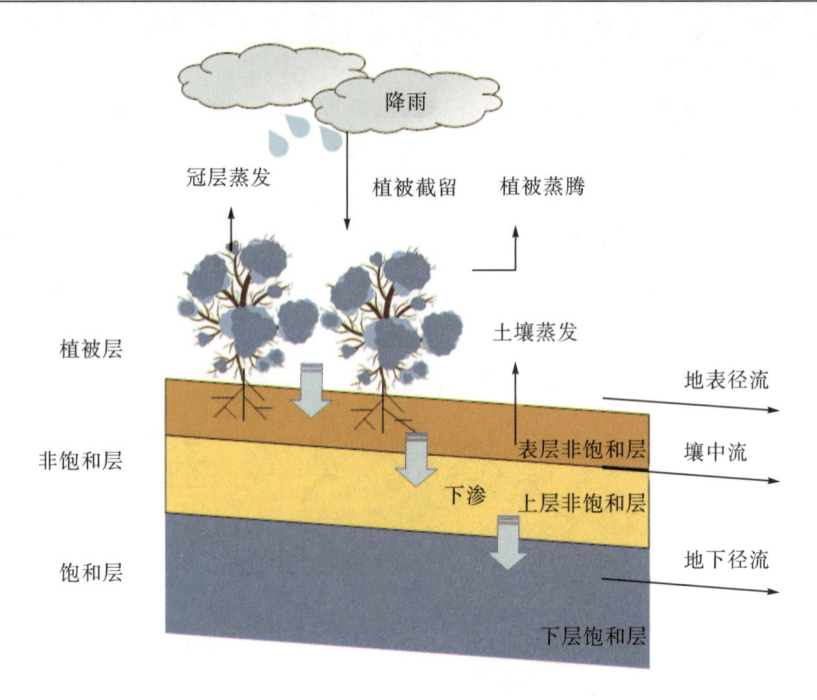

图 3.4　计算单元产流过程示意图

3.2.1 植被截留

植被截留是指降水滴落在植物枝叶表面，在叶面吸着力、承托力和水分子重力、表面张力的作用下滞留于植物枝叶表面的现象（芮孝芳，2004）。在降雨期间，植被的截留量随时间不断增加直至达到最大截留量，随后叶面存储的水分将不断被新的降水所更替，被取代的水分将沿叶面下缘落至下一层植被，最终落到土壤表面。假设植被截留量与降雨呈指数关系（Aston，1979），则某一时刻的累积截留量为

$$I_c = C_f S_{max}\left(1 - e^{-kP/S_{max}}\right) \tag{3.1}$$

式中，I_c 为累积截留量，mm；P 为累积降雨量，mm；S_{max} 为植被的最大截留能力，mm；C_f 为植被覆盖度；k 为树冠开度的调整因子，$k = 0.046 \cdot \text{LAI}$，LAI 为叶面积指数。

最大截留能力 S_{max} 是影响截留量的关键参数之一，众多学者建立了 S_{max} 与 LAI 的经验关系，模型采用 S_{max} 与 LAI 的通用形式，见式（3.2）。其中 a、b、c、d 为植被校准因子，针对不同的植被类型，其值可查阅文献或参考表 3.1。

$$S_{max} = a \cdot \text{LAI}^d + b \cdot \text{LAI} + c \tag{3.2}$$

表 3.1 不同植被类型的校准因子参数

植被类型	a	b	c	d	来源文献
作物	−0.00575	0.498	0.935	2	Von Hoyningen-Huene,1981
阔叶林	0	0.490	1.184	0	Gómez et al., 2001
灌木、草地	0	0.3063	0.5753	0	De Jong and Jetten, 2007

3.2.2 蒸散发

蒸散发是陆地上的水转化为水蒸气回到大气中的过程，主要包括植被截留蒸发、水面和土壤水分蒸发及植被蒸腾等。蒸散发是水文循环和水量平衡计算的重要环节，对水文过程具有重要的调节作用。模型考虑了植被冠层蒸发、土壤表面蒸发和植被蒸腾三部分的影响，主要基于植被覆盖率、冠层截留量、土壤含水量、根系分布及潜在蒸发能力进行蒸散发量计算。其中，潜在蒸发能力可采用实测的蒸散发数据或采用联合国粮食及农业组织提出的 FAO Penman- Monteith（彭曼-蒙蒂斯）(Allen et al., 1998)方法计算。

1. 植被冠层蒸发

假设蒸散发首先消耗植被的降雨截留。植被冠层蒸发主要与潜在蒸发速率和冠层当前截留量有关，假设植被某时刻的冠层蒸发率与冠层的截留量成正比，则冠层的实际蒸发量计算公式如下：

$$E_{can} = \begin{cases} (S_c/S_{max})K_cE_p, & S_c \geqslant (S_c/S_{max})K_cE_p \\ S_c, & S_c < (S_c/S_{max})K_cE_p \end{cases} \quad (3.3)$$

式中，E_{can} 为冠层的实际蒸发量，mm；E_p 为潜在蒸发能力，mm；S_c 为冠层的截留量，mm；S_{max} 为植物的最大截留能力，mm；K_c 为蒸发修正系数。

2. 土壤表面蒸发

土壤表面蒸发主要发生在表层土壤，土壤表层的潜在蒸发量与植被覆盖度有关。作物的潜在蒸发量扣除植物截留蒸发后，通过植被覆盖度修正后即为表层土壤的潜在蒸发量，计算公式如下：

$$E_{sm} = (1-C_f)(K_cE_p - E_{can}) \quad (3.4)$$

土壤表面的实际蒸发量受表层土壤含水率的影响。当地下水位未抬升至表层土壤时，土壤表面为非饱和蒸发，计算方法如下：

$$E_{soil} = E_{u1} = \begin{cases} f(\theta)E_{sm}, & w_{u1} \geqslant f(\theta)E_{sm} \\ w_{u1}, & w_{u1} < f(\theta)E_{sm} \end{cases} \quad (3.5)$$

式中，E_{soil} 为表层土壤的实际蒸发量，mm；E_{u1} 为表层非饱和区土壤的实际蒸发量，mm；E_{sm} 为表层土壤的潜在蒸发量，mm；w_{u1} 为表层非饱和区的土壤含水量，mm；$f(\theta)$ 为土壤含水率的函数，当土壤含水率大于田间持水率时，$f(\theta)=1$，当土壤含水率小于凋萎含水率时，$f(\theta)=0$，其间为线性变化，具体公式如下：

$$f(\theta) = \begin{cases} 1 & \theta \geqslant \theta_f \\ \dfrac{\theta - \theta_r}{\theta_f - \theta_r} & \theta_f > \theta \geqslant \theta_r \\ 0 & \theta < \theta_r \end{cases} \tag{3.6}$$

式中，θ 为当前土壤含水率；θ_f 为田间持水率；θ_r 为土壤凋萎含水率。

当地下水水位抬升至表层土壤时，土壤表层蒸发分为非饱和区蒸发与饱和区蒸发。蒸发首先发生在表层土壤的非饱和区，当非饱和区的土壤蒸发量达到土壤表层的潜在蒸发量时，进行饱和区蒸发，此时土壤表面蒸发为非饱和区与饱和区蒸发量的总和。表层饱和区蒸发量的计算公式如下：

$$E_{s1} = \begin{cases} \dfrac{w_{s1}}{w_{m1}}(E_{sm} - E_{u1}), & w_{s1} \geqslant \dfrac{w_{s1}}{w_{m1}}(E_{sm} - E_{u1}) \\ w_{s1}, & w_{s1} < \dfrac{w_{s1}}{w_{m1}}(E_{sm} - E_{u1}) \end{cases} \tag{3.7}$$

式中，E_{s1} 为表层饱和区土壤的实际蒸发量，mm；w_{m1} 为表层土壤的蓄水容量，mm；w_{s1} 为表层饱和区的土壤含水量，mm。

3. 植被蒸腾

植被蒸腾作用主要是植物根系从表层和上层土壤中吸水产生的，受植被根系分布及土壤含水量的影响。由于土壤通气不良或缺水状态下会严重影响根系吸水能力，模型假设当土层的土壤含水率达到饱和或凋萎含水率时不再进行蒸腾作用，且认为植被的潜在蒸腾量受植物冠层蒸发量的影响。当土层土壤含水率未饱和时，计算式如下：

$$E_{tm} = C_f (K_c E_p - E_{can}) \tag{3.8}$$

$$E_{j,tr} = \begin{cases} K_{j,v} f(\theta_j) E_{tm}, & w_{uj} \geqslant K_{j,v} f(\theta_j) E_{tm} \\ w_{uj}, & w_{uj} < K_{j,v} f(\theta_j) E_{tm} \end{cases} \tag{3.9}$$

式中，$E_{j,tr}$ 为第 j 层土壤的实际蒸腾量，mm；E_{tm} 为植物的潜在蒸腾量，mm；θ_j 为第 j 层土壤含水量，mm，$K_{j,v}$ 为 j 层土壤根系分布的比例因子；C_f 为植被覆盖度；w_{uj} 为第 j 层非饱和区的土壤含水量，mm。

3.2.3 土壤下渗

土壤下渗是指雨水从地表向下输送至地下的过程。其下渗能力主要受土壤水力传导率和土壤含水量的影响。模型将土壤垂直划分为表层非饱和层、上层非饱和层和下层饱和层三层(图3.4)。因此土壤下渗计算包括地表水向表层土壤的下渗和土壤各层之间的下渗。土壤水在重力和毛细管压力作用下的垂直下渗过程可用理查兹(Richard)方程描述。由于表层土壤的水力传导性较高,且一般厚度为0.1~1.5 m,可以认为下渗的雨水会首先全部补给表层土壤,随后水分从表层土壤渗透到上层非饱和层,再进一步渗透到下层饱和层。

地表下渗至表层土壤的下渗能力采用格林-安普特公式进行计算。假设降雨下渗时土壤具有明确的平行于土壤表面的湿润锋,在这个锋面之上的土壤是饱和的,在这个锋面之下的土壤是完全干燥的,地表处的入渗率可采用垂向水流的达西方程简化(Green and Ampt,1911),具体计算公式如下:

$$f = K_s \left[\frac{1+(\theta_s - \theta)\psi}{I} \right] \tag{3.10}$$

$$K_s t = I - \psi(\theta_s - \theta)\ln\left(1 + \frac{I}{\psi(\theta_s - \theta)}\right) \tag{3.11}$$

式中,f 为地表下渗能力,mm/s;θ 为当前土壤含水率;θ_s 为土壤饱和含水率;K_s 为土壤饱和导水率,mm/s;ψ 为湿润锋处基质吸力,mm;I 为累积下渗量,mm;t 为时间,s。

假设不同土壤层之间的垂向下渗主要受重力作用的影响,其速率与当前土壤层的含水率、饱和含水率有关,则下渗率直接用 Van Genuchten (1980) 方程表示:

$$\begin{cases} q_v = K_{s,z}\theta_e^{1/2}\left[1-\left(1-\theta_e^{1/m}\right)^m\right]^2 \\ \theta_e = \dfrac{(\theta - \theta_r)}{(\theta_s - \theta_r)} \end{cases} \tag{3.12}$$

式中,q_v 为土层之间的下渗率,mm/s;θ_e 为有效饱和度;θ 为当前土壤含水率;θ_r 为土壤凋萎含水率;m 为常数,$m=1-1/n$,n 为形状参数;$K_{s,z}$ 为土层交界处的饱和导水率,mm/s。

一般土壤饱和导水率在垂直方向随深度增加而减小,可用指数衰减函数表示:

$$K_{s,z} = K_0 \exp(-kz) \tag{3.13}$$

式中,K_0 为地表的饱和导水率,mm/s;z 为距离地表的深度,mm;k 为衰减系数。

3.2.4 单元产流

产流计算方法主要有蓄满产流和超渗产流两种模式。蓄满产流指土壤含水量达到饱和状态前不产流，降雨全部转化为土壤水，直至土壤含水量饱和时才开始产流。而超渗产流指降雨强度超过土壤的下渗能力时产流，低于土壤下渗能力则不产流。从产流机制上看，蓄满和超渗可以被认为是流域产流方式中的两种特殊情况，理论上一个流域中两种产流模式都可能存在，不可能只是单一的产流模式，而是两种产流混合在一起。因此模型的产流计算基于蓄满-超渗兼容的模式，将蓄满机制和超渗机制耦合在一起，通过概化的蓄水容量面积分配曲线和入渗能力面积分配曲线与降雨之间的相互关系计算产流(Hu et al., 2005)，如图 3.5 所示。

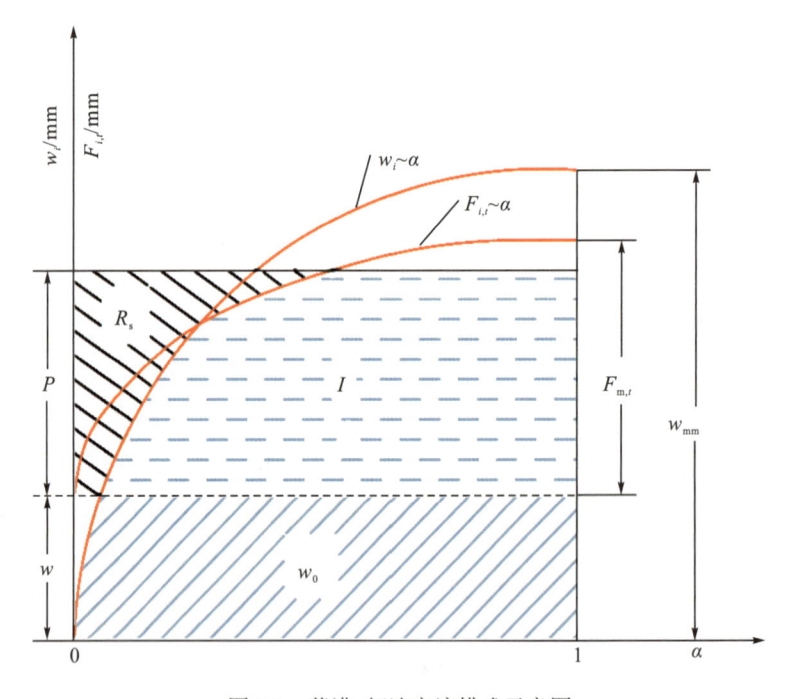

图 3.5 蓄满-超渗产流模式示意图

1. 蓄水容量面积分配曲线

模型以子流域为基本计算单元，并认为计算单元空间上各点蓄水能力具有明显差异，为表征土壤蓄水容量分布的不均匀性，将其概化成一条蓄水容量面积分配曲线。对于某一个计算单元，其蓄水容量面积分配曲线可用抛物线表示：

$$\frac{f_\mathrm{m}}{F} = 1-(1-\frac{w_i}{w_\mathrm{mm}})^B \tag{3.14}$$

式中，f_m 为蓄满产流面积，km²；F 为计算单元的总面积，km²；B 为抛物线指数；w_i 为单元内某一点的蓄水容量，mm；w_{mm} 为单元内最大的点蓄水容量，mm，$w_{mm}=(1+B) \times w_m$，其中 w_m 为计算单元的平均蓄水容量，mm。

据此，初始时刻平均土壤含水量 w_0 所对应的点最大含水量 w 可表示为

$$w = w_{mm}\left[1-\left(1-\frac{w_0}{w_m}\right)^{\frac{1}{B+1}}\right] \tag{3.15}$$

2. 下渗能力面积分配曲线

由于计算单元内各点的下渗能力不同，采用一条下渗能力面积分配曲线表征计算单元上入渗能力的不均匀性，即

$$\frac{f_s}{F} = 1-\left(1-\frac{F_{i,t}}{F_{m,t}}\right)^D \tag{3.16}$$

式中，f_s 为超渗产流面积，km²；D 为抛物线指数；$F_{i,t}$ 为计算单元内 t 时段某一点的入渗能力，mm；$F_{m,t}$ 为单元内 t 时段的最大的点入渗能力，mm。

计算单元的时段平均下渗能力采用格林-安普特下渗公式计算，即计算单元的时段平均入渗能力可表示为

$$F_t = f_t \Delta t = \frac{F_{m,t}}{(1+D)} \tag{3.17}$$

式中，F_t 为计算单元的时段平均入渗能力，mm；f_t 为格林-安普特公式计算得到的地表处的下渗率，mm/s。

3. 蓄满-超渗兼容产流

根据上述假设，蓄满-超渗产流模式可通过蓄水容量面积分配曲线和流域下渗能力面积分配曲线组合来表达，如图 3.5 所示。随着时段降雨、土壤含水量及入渗能力的变化，其产流情况也会随之变化，需分别推算产流量。

假定 x 为两曲线交点的纵坐标，降雨初始的平均土壤含水量为 w_0，其相应的点最大含水量为 w，该时段降落至地表的净雨为 P，则该时段的地表径流量可由 $w+F_{m,t}$ 与 w_{mm}、$w+P$ 与 x、$w+P$ 和 $w+F_{m,t}$ 的关系来确定。总的来说可分为有交点和无交点两种情况，具体如下：

(1) 当 $w+F_{m,t} \leqslant w_{mm}$ 时，两条曲线存在交点。根据蓄水容量、降水量与交点的关系，产流可分为三种情况，如图 3.6 所示。具体计算方式如下：

① 若 $w+P \leqslant x$，则地表径流深 R_s 可表示为

$$R_s = P - (w_m - w_0) + w_m \left(1 - \frac{w+P}{w_{mm}}\right)^{B+1} \quad (3.18)$$

②若 $x \leqslant w + P \leqslant w + F_{m,t}$，则地表径流深 R_s 可表示为

$$R_s = P + w_0 - w_m + F_t\left(1 - \frac{P}{F_{m,t}}\right)^{D+1} - F_t\left(1 - \frac{x-w}{F_{m,t}}\right)^{D+1} + w_m\left(1 - \frac{x}{w_{mm}}\right)^{B+1} \quad (3.19)$$

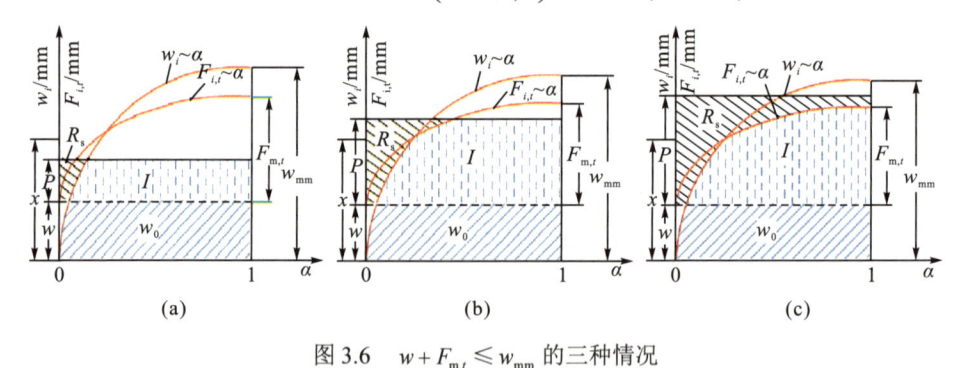

③若 $w + P > w + F_{m,t}$，则地表径流深 R_s 可表示为

$$R_s = P + w_0 - w_m - F_t\left(1 - \frac{x-w}{F_{m,t}}\right)^{D+1} + w_m\left(1 - \frac{x}{w_{mm}}\right)^{B+1} \quad (3.20)$$

图 3.6　$w + F_{m,t} \leqslant w_{mm}$ 的三种情况

（2）当 $w + F_{m,t} > w_{mm}$ 时，两曲线不存在交点。此时的产流情况也可分为两种，如图 3.7 所示。具体计算方式如下：

①若 $w + P < w_{mm}$，则地表径流深 R_s 可表示为

$$R_s = P + w_0 - w_m + w_m\left(1 - \frac{w+P}{w_{mm}}\right)^{B+1} \quad (3.21)$$

②若 $w_{mm} \leqslant w + P$，则地表径流深 R_s 可表示为

$$R_s = P + w_0 - w_m \quad (3.22)$$

其中，两曲线的交点对应的纵坐标 x 可以表示为

$$x = w + F_{m,t}\left[1 - \left(1 - \frac{x}{w_{mm}}\right)^{\frac{B}{D}}\right] \quad (3.23)$$

基于上述的产流计算分析，可以将流域的产流量划分为地表径流 R_s 和下渗量 I，同时其形成地表径流的产流面积相对值 FR_s 也可以根据对应的产流情况计算得到。下渗水量经过土层之间的水量交换后，非饱和层的土壤含水量将进行重分配，具体如下：

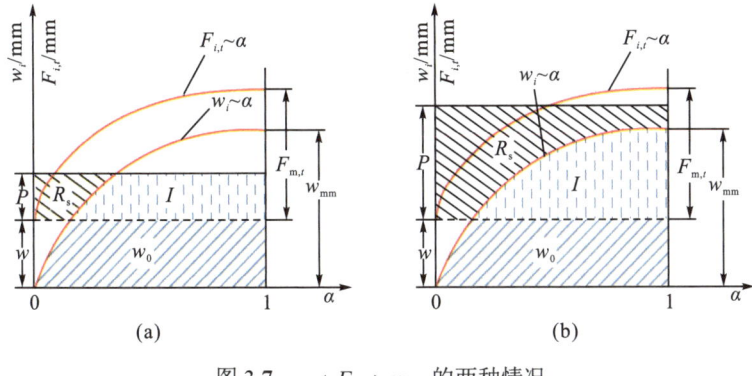

图 3.7 $w+F_{m,t}>w_{mm}$ 的两种情况

$$\begin{cases} w_{u_1} = \min\left[w_{m_1},(w_{u_1,0}+I)-q_{12}\right] \\ w_{u_2} = w_{u_2,0}+q_{12}-q_{23} \end{cases} \quad (3.24)$$

式中，w_{u_1} 为当前时刻表层土壤含水量，mm；$w_{u_1,0}$ 为前一时刻表层土壤含水量，mm；w_{u_2} 为当前时刻上层土壤含水量，mm；$w_{u_2,0}$ 为前一时刻上层土壤含水量，mm；q_{12} 为表层土壤下渗至上层土壤水量，mm；q_{23} 为上层土壤下渗至下层土壤水量，mm。

由于土层之间的下渗与蒸散发作用，土壤含水率的大小和分布在非饱和区变化显著，该区在壤中流和地下径流的形成过程中起着非常关键的作用。模型假设只有表层非饱和层的土壤含水率达到田间持水率时，表层非饱和层的土壤水才会出现水平方向运动，形成壤中流。当上层非饱和区土壤达到田间持水率时，上层非饱和区的水分才会渗透到下层饱和区，随后在地下层缓慢运动，形成地下径流。具体计算方法如下：

$$\begin{cases} R_g = q_{23} \\ R_{sub} = \max(0, w_{u_1}-w_{f_1}) \end{cases} \quad (3.25)$$

式中，R_{sub} 为当前时刻产生的壤中流深，mm；R_g 为当前时刻产生的地下径流深，mm；w_{f_1} 为表层非饱和层的田间持水量，mm。

3.3 汇流模块的构建

降雨过程中产生的净雨从坡地向流域出口汇集的过程称为汇流，其过程可以分为坡地汇流和河道汇流两个阶段。净雨转化成不同水源形式通过不同介质层面汇入到河网中称为坡地汇流，依据其水源形式的不同又可分为地表径流汇流、壤中流汇流和地下径流汇流。汇入河网中水流经过河道演进汇集至出口的过程称为河道汇流。汇流计算一般按不同水源形式分别计算其在坡面的汇流过程，最后通过河道演进得到流域出口的总径流过程。

由于模型主要用于少资料或无资料的山区流域径流计算，为了取得较好的汇流计算效果，本书采用运动波理论进行地表径流汇流、壤中流汇流及河道汇流计算，采用线性水库法进行地下径流汇流计算。理论上，对于流域内降雨径流的运动波模拟，可根据每个子流域的地形、坡度及地表糙率等进行精确的建模。然而，该方法对于下垫面基础数据的精度及处理要求过高，并且计算量过大，对流域地形进行合理的概化有利于提高模型计算效率。为此，将每个子流域视为一个 V 形坡地模型，河道概化为矩形河槽，降雨产生的径流在流经两侧坡地后汇入河道，随后演进至流域出口。模型基于变动源面积的概念，假设坡面上地表径流首先出现在坡面平缓的河道附近，随着产流面积的增加，产流区域逐步向河道两边的坡面延伸。基于该假设，模型根据地表径流产流面积相对值将 V 形坡地模型的坡面划分为地表径流区和壤中流区，如图 3.8 所示。

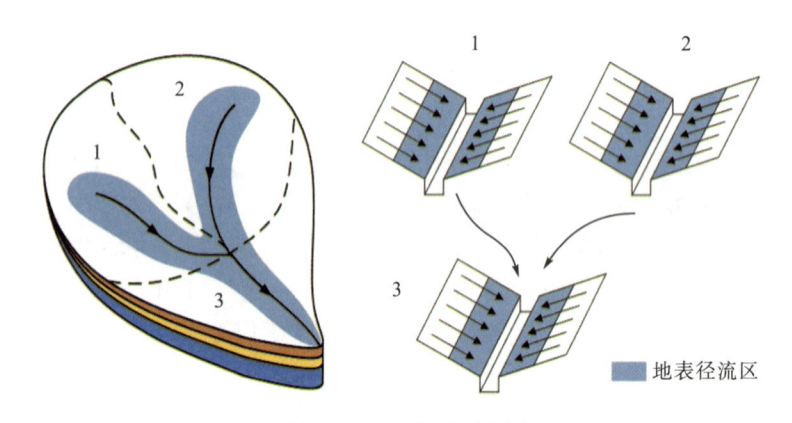

图 3.8　汇流模型示意图

3.3.1　坡面汇流计算

地表径流和壤中流的汇流计算采用运动波方程求解(Chow et al., 1988)。依据运动波理论，假设地形是汇流的主要影响因素，可将概化后的坡地模型水流视为动力波运动。假设流域产流均匀分布在坡面上，且坡面流流向单一，则坡地表径流的运动过程可采用连续方程与曼宁公式进行描述：

$$\frac{\partial h_0}{\partial t} + \frac{\partial q_0}{\partial x} = i_\mathrm{s} \tag{3.26}$$

$$q_0 = \frac{1}{n_0} h_0^{\frac{5}{3}} \bar{S}_\mathrm{o}^{\frac{1}{2}} \tag{3.27}$$

式中，h_o 为坡面地表径流深，m；t 为时间，s；q_o 为坡面地表径流的单宽流量，m²/s；x 为沿水流方向的距离，m；i_s 为地表径流区的产流量，m；$\overline{S_o}$ 为坡地的平均坡降。

壤中流受土壤孔隙和渗透性等因素的影响，汇流原理比较复杂，但地形条件仍为主导因素。表层土壤一般具有较高的导水率，假设壤中流可用达西定律近似表达，且认为壤中流的水力坡降与地表坡降一致，则壤中流的连续方程和运动方程可以表示为

$$(\theta_s - \theta_r)\frac{\partial h_{sub}}{\partial t} + \frac{\partial q_{sub}}{\partial x} = i_{sub} \tag{3.28}$$

$$q_{sub} = \overline{K_s}\,\overline{S_{sub}}\,h_{sub} \tag{3.29}$$

式中，h_{sub} 为壤中流的水深，m；t 为时间，s；q_{sub} 为壤中流的单宽流量，m²/s；i_{sub} 为壤中流的产流量，m；$\overline{K_s}$ 为壤中流的平均饱和导水率，m/s；$\overline{S_{sub}}$ 为壤中流的平均坡度，$\overline{S_{sub}} = \overline{S_o}$。

其中，平均饱和导水率 $\overline{K_s}$ 与壤中流水深 h_{sub} 的关系可表示为

$$\overline{K_s} = \frac{K_0 e^{-kz_1}\left(e^{kh_{sub}} - 1\right)}{kh_{sub}} \tag{3.30}$$

式中，z_1 为表层土壤的厚度，m；K_0 为地表的饱和导水率；k 为衰减系数。

坡地的地表径流区的汇流长度和壤中流区的汇流长度可以表示为

$$\begin{cases} L_{sub} = L_o = A/2L_c \\ L_{os} = F_{RS} \times L_{sub} \end{cases} \tag{3.31}$$

式中，A 为子流域的面积，m²；L_o 为子流域坡地的长度，m；L_{sub} 为壤中流区的汇流长度，m；L_{os} 为地表径流区的汇流长度，m；L_c 为与坡地相接的河道长度，m；F_{RS} 为地表径流区的占比。

地表径流和壤中流的方程可采用非线性的 Newton（牛顿）方法求解（Chow et al., 1988），根据模型的空间和时间分辨率进行迭代，直至达到稳定的求解精度。对于较大的流域可调整迭代次数或时间步长以缩短计算时间。

地下径流为下渗至地下潜水面的水流，其运动速度比较缓慢。下层饱和层即为地下水层，地下水层范围较广，对外界因素变化响应较慢，因此将地下径流概化为地下水库的调蓄作用。假定地下水库的蓄泄关系为线性函数，则其汇流的基本方程为

$$Q_{g,t+\Delta t} = \omega Q_{g,t} + (1-\omega)R_g F/3.6\Delta t \tag{3.32}$$

式中，$Q_{g,t}$ 为时段初的地下径流出流量，m³/s；$Q_{g,t+\Delta t}$ 为时段末的地下径流出流量，m³/s；R_g 为时段内的地下径流深，mm；ω 为地下径流的消退系数；F 为计算单元面积，m²；Δt 为时间尺度，s。

3.3.2 河道汇流计算

将子流域河网简化为一条主河道，且认为与之相连的坡地的地表径流、壤中流及地下径流都直接汇至主河道，若忽略落入河道的降雨，视河道为矩形渠道断面，则河道中的汇流可用一维运动波模型来描述：

$$\left.\begin{array}{r}\dfrac{\partial Q}{\partial x}+\dfrac{\partial A}{\partial t}=q\\ A=\alpha Q^{\beta}\end{array}\right\} \quad (3.33)$$

式中，Q 为河道的流量，m³/s；A 为河道过水断面面积，m²；q 为单宽侧向入流，m²/s，包括地表径流 q_o、壤中流 q_{sub} 和地下水入流 q_g；α 和 β 为水力系数，可用曼宁公式表示：

$$\alpha=\left(\dfrac{n_c P^{2/3}}{\sqrt{S_c}}\right)^{3/5}, \quad \beta=0.6 \quad (3.34)$$

式中，P 为湿周，m；S_c 为河道比降；n_c 为河道曼宁系数。

河道汇流运动波方程采用非线性有限差分法求解，牛顿方法进行迭代计算。首先计算每个子流域出口处的流量过程，然后根据干支流之间的河网拓扑关系依次计算每一级河道的汇流过程，最终得到整个流域出口处的流量过程。

流域面积、河段长度和坡度等地理参数均可从地形图或通过 DEM 进行提取，河段宽度需要进行实地测量。在实测数据不足的情况下，可通过卫星影像数据获取各级河道的河宽数据，或根据早期河相关系理论进行计算。自然河流的河宽一般从上游向下游递增，河宽与该河道流量呈 0.5 次方的比例，即各级河宽与面积的关系为

$$B_i = B_\Omega \left(\dfrac{\overline{A_i}}{A_\Omega}\right)^{0.5} \quad (3.35)$$

式中，B_i 为 i 级河道的河宽，m；B_Ω 为流域出口断面的河宽，m；$\overline{A_i}$ 为第 i 级子流域的平均面积，m²；A_Ω 为流域的总面积，m²。

3.4 模块化分布式水文模型率定与验证

3.4.1 模型率定

模型所需的基本资料包括地形、土壤、植被类型、降水量、蒸发量等数据。模型参数主要包括植被参数、土壤参数、汇流参数和其他参数，具体说明见表 3.2。

模型中大部分参数都有明确的物理意义，理论上不需要率定。模型参数初始值可依据试验研究、参考相关文献、相应的数据库或直接测量得到。不同于概念性集总式模型中的参数率定，模块化分布式模型只有极少参数和较敏感参数在实际应用中需进行微调。

表 3.2 模型参数汇总表

分类	参数	来源
植物参数	叶面积指数 LAI 植被覆盖率 C_f	遥感数据
	蒸发修正系数 K_c	实测或进行率定
土壤参数	饱和含水率 θ_s 田间持水率 θ_f 凋萎含水率 θ_r 饱和导水率 K_s 基质吸力 ψ 土壤形状参数 n	实测或参考土壤数据库
	衰减系数 k	实测或进行率定
汇流参数	坡地的曼宁系数 n_o 河道的曼宁系数 n_c 地下径流消退系数 ω	参考手册或进行率定
其他参数	蓄水容量曲线指数 B 下渗能力曲线指数 D	参考文献或进行率定

3.4.2 模型验证

以四川省宜宾市屏山县中都河小流域为研究对象，选取流域三场山洪洪水对模型进行验证，检验模型的适用性和准确性。

1. 中都河流域概况

中都河流域位于四川省南缘、金沙江下游北岸，河流发源于乐山市马边县黄连山与烟遮山结合处，东经靛兰坝、莜坝、老河坝至野猫溪口入宜宾市屏山县，进而流经安全、中都、太平、大桥至新市镇注入金沙江，流域面积706km²。流域受热带高压影响降水量时空分布不均匀，夏季 5~10 月降水量占全年降水总量 77%~90%，空间上表现为上游地区雨量充沛，年平均降水量1044.3mm，下游为少雨地区，常年平均降水量为 802.3mm，少于 800mm 年份占 50%，最少年份降水量仅为 472~585mm。中都河流域横跨两县，马边县境内集水面积221km²，屏山县境内集水面积485km²。本研究区范围为中都河龙山水文站以上流域，地理位置在东经 103°37'10″～103°55'56″，北纬 28°42'36″～28°54'47″。中都河流域为典型山区小流域，历史上曾多次发生暴雨山洪灾害。2018年8月16日中都河流域遭遇特大山洪洪水灾害，大量房屋被淹及损毁，造成多人伤亡和重大经济损失。

2. 基础数据处理

模型在应用到中都河小流域洪水过程模拟前需要进行基础资料收集与处理。主要包括对地形高程、土地利用、植被类型等数据进行前处理，并对气象输入数据(如降雨、蒸发等)进行插值。

1) 流域划分及特征参数提取

流域 DEM 数据来自"地理空间数据云"(http://www.gscloud.cn/)ASTER GDEMV2 产品 30m 分辨率的高程数据集。使用 ArcGIS 软件中的水文分析模块(Hydrology)处理原始 DEM 数据，经填洼、流向分析、汇流累积量计算等步骤，划分子流域计算单元并提取子流域的特征参数，具体流程可参考图3.2。中都河流域一共划分为 175 个子流域，对每个子流域的坡度、面积、河长进行提取，以每个子流域作为产流计算的基本单元，基于 Horton-Strahler 分级河网进行汇流计算。中都河流域的 DEM、水系分级、子流域划分、流域坡度特征见图3.9。

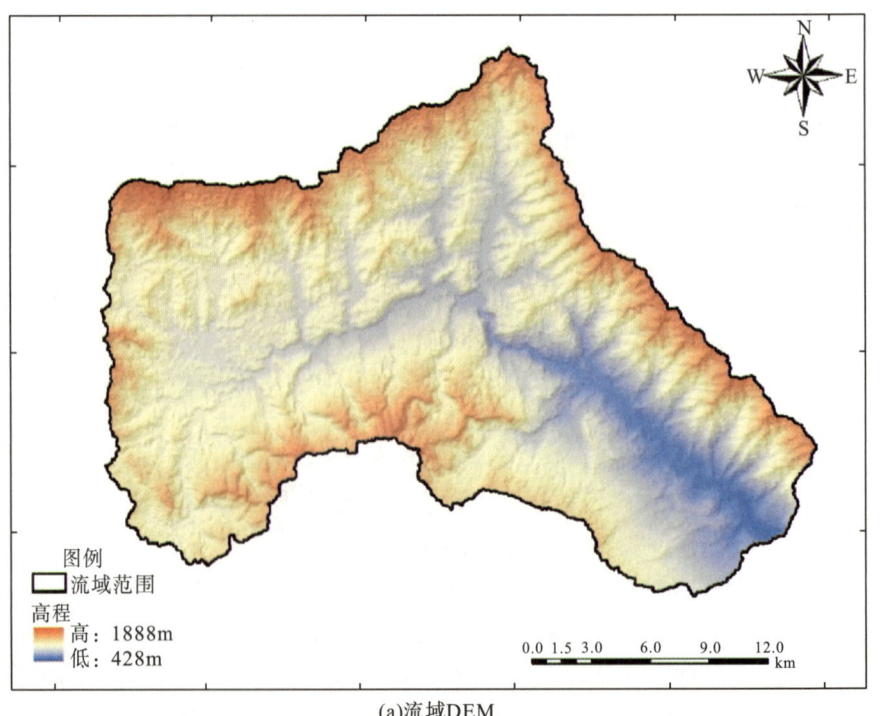

(a)流域DEM

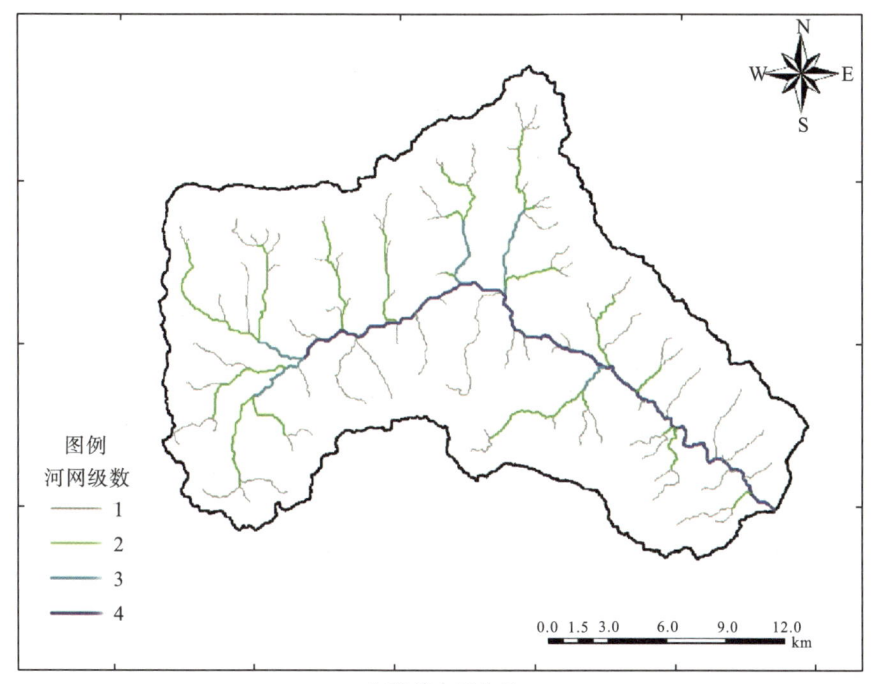

(b) 流域水系分级

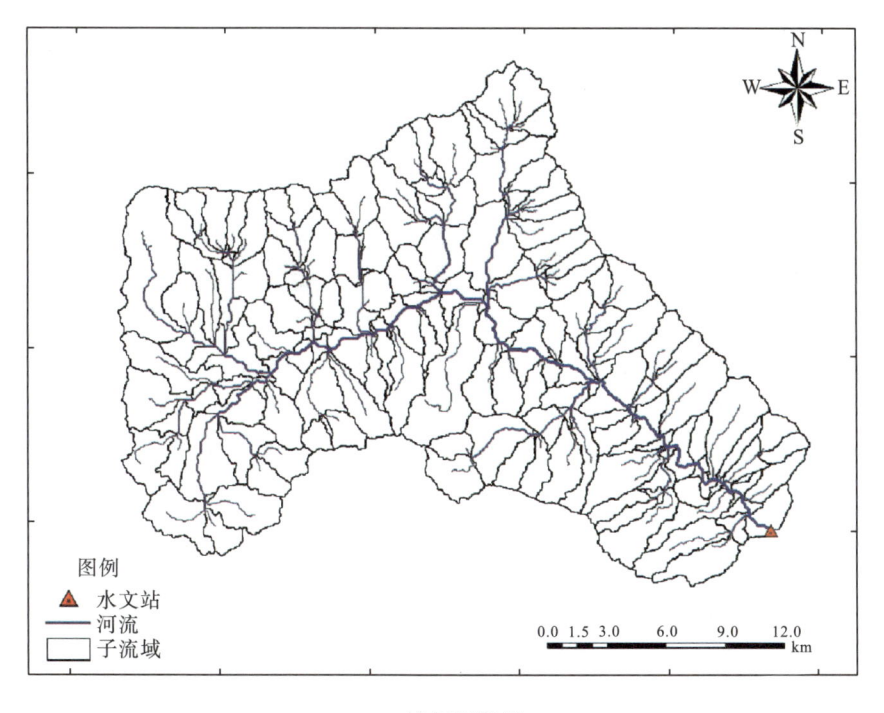

(c) 子流域划分

(d) 流域坡度

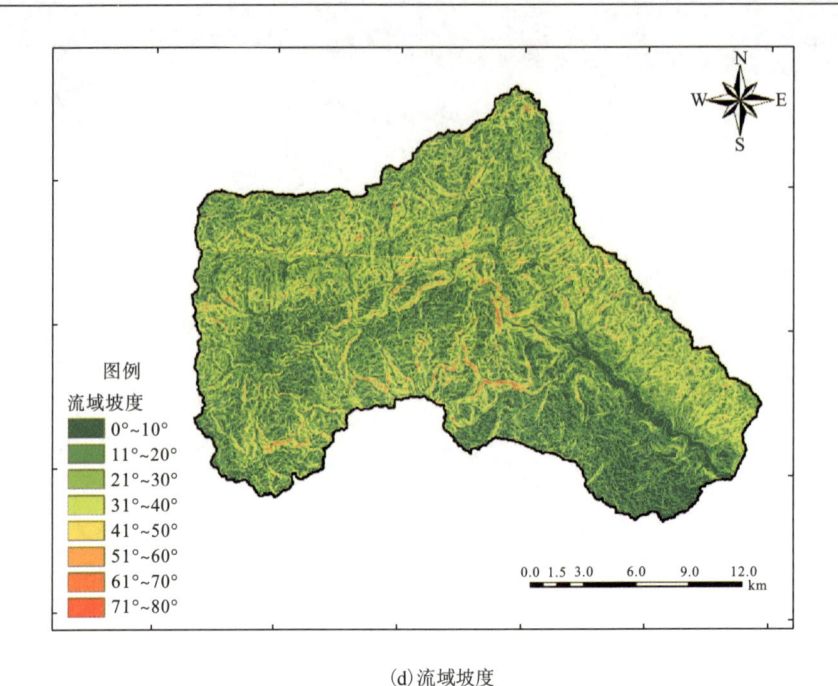

图 3.9 中都河流域特征参数图

2) 流域下垫面数据处理

土地利用数据来源于国家基础地理信息中心(http://www.globallandcover.com/)的 GlobeLand 数据，其分辨率为 30m。根据流域边界范围，使用 ArcGIS 软件对原始数据进行裁剪，得到中都河流域的土地利用类型图，如图 3.10(a)所示。流域内土地利用类型主要包括草地、林地、耕地、建筑物、水体五类。土壤利用类型数据来源于中科院资源环境科学与数据中心(https://www.resdc.cn/)，精度为 1km。土壤参数数据(如土壤饱和含水率、饱和导水率等)来源于国家青藏高原科学数据中心(http://data.tpdc.ac.cn)的面向陆面过程模型的中国土壤水文数据集，分辨率为 30″。植被的 LAI 数据来源于 MODIS 逐日地表反射产品 MOD15A2H，为 500m 分辨率的 8 天复合数据集。中都河流域 2018 年 8 月的平均 LAI 分布如图 3.10(b)所示。

3) 流域水文数据处理

中都河流域设有 10 个雨量站及 1 个水文站，水文站位于龙山村附近，可用于水文模型的率定，站点分布如图 3.11 所示。模型选取 2018 年 8 月的 3 场降雨径流数据进行率定和验证。采用泰森多边形法将离散的站点数据插值为面平均降雨，并分配到每一个计算单元，以插值的子流域降雨过程数据作为模型的输入数据。

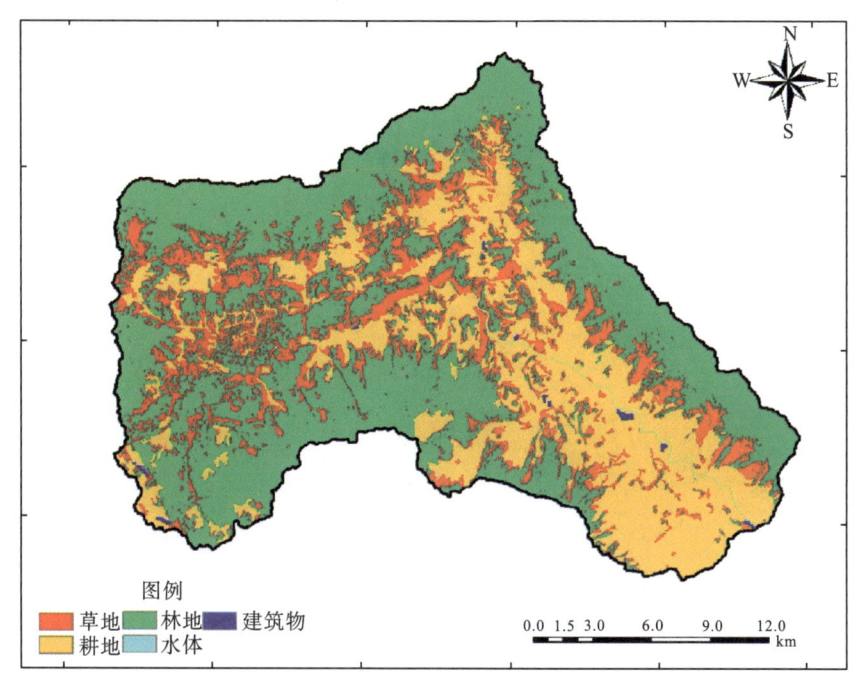

(a)流域土地利用类型

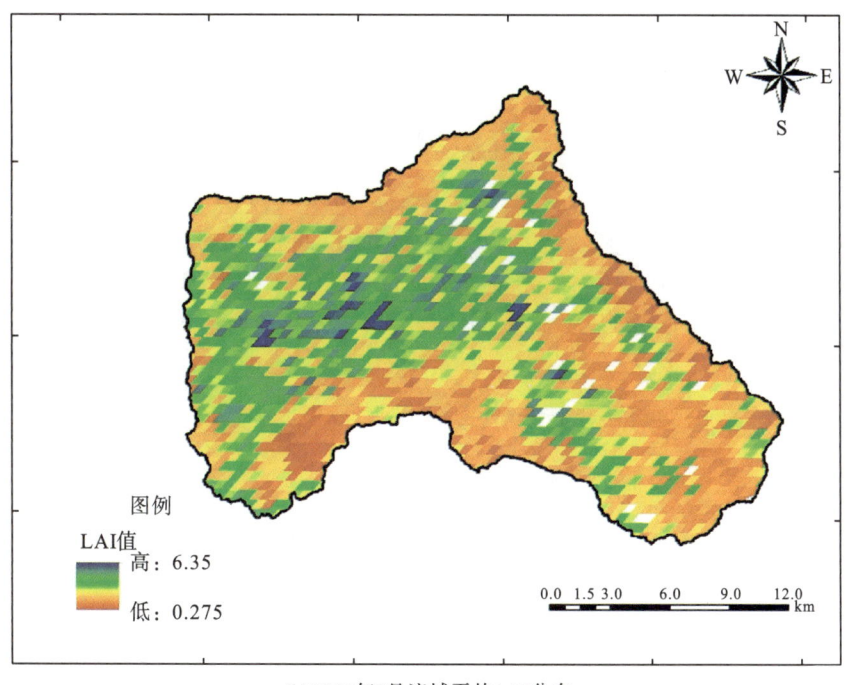

(b)2018年8月流域平均LAI分布

图 3.10　中都河流域特征参数图

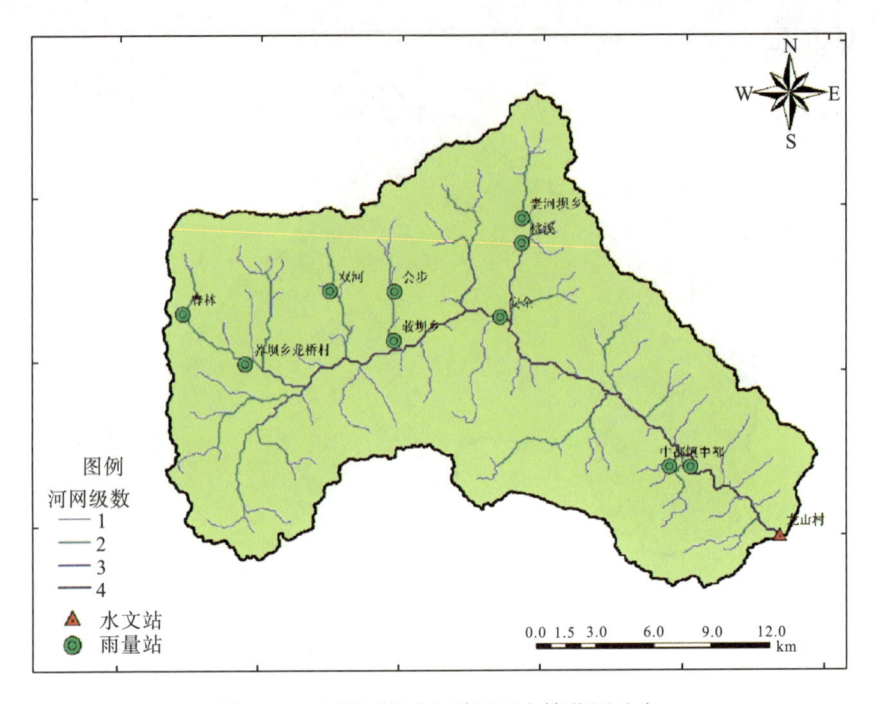

图 3.11 中都河流域水系及雨水情监测站点

3. 山洪洪水模拟分析

处理后的模型基础数据可作为模型输入数据，进行山洪洪水过程模拟。选取中都河小流域 2018 年 8 月 1 日（20180801）和 2018 年 8 月 10 日（20180810）发生的两场山洪洪水作为率定期洪水进行参数率定，2018 年 8 月 16 日（20180816）的山洪洪水作为检验期洪水验证。选择纳什效率（nash-sutcliffe efficiency，NSE）系数和平均绝对相对误差（mean absolute relative error，MARE）对模拟结果进行评价。NSE 用于评价一场洪水的模拟过程与实测过程间的拟合程度，取值范围在 (−∞,1]。MARE 反映模拟洪水过程与实测值之间的离散程度。NSE 值越趋近 1，MARE 值越趋近于 0，表明模拟效果越好。计算公式如下：

$$\text{NSE} = 1 - \frac{\sum_{i=1}^{n}\left(Q_{\text{obs}_i} - Q_{\text{sim}_i}\right)^2}{\sum_{i=1}^{n}\left(Q_{\text{obs}_i} - \overline{Q}_{\text{obs}}\right)^2} \qquad (3.36)$$

$$\text{MARE} = \frac{\sum_{i=1}^{n}\left|Q_{\text{obs}_i} - Q_{\text{sim}_i}\right|}{\sum_{i=1}^{n} Q_{\text{obs}_i}} \qquad (3.37)$$

式中，Q_{obs_i} 为第 i 时刻的实测流量，m³/s；Q_{sim_i} 为第 i 时刻的模拟流量，m³/s；$\overline{Q}_{\text{obs}}$

为实测流量的平均值，m³/s。

模型率定期和检验期洪水过程与实测值对比如图 3.12~图 3.14 所示。由此可知，模拟的洪水起涨过程和洪峰流量基本吻合。采用评价指标对率定期和检验期的模拟结果进行评定，见表 3.3，率定期和检验期的 NSE 系数均值为 0.783，且 MARE 值较小，表明该模型率定参数较合理，模拟的洪水过程与实测值吻合较好。总体来讲，该模型可为山区小流域暴雨山洪洪水模拟预报提供较好的技术支持。

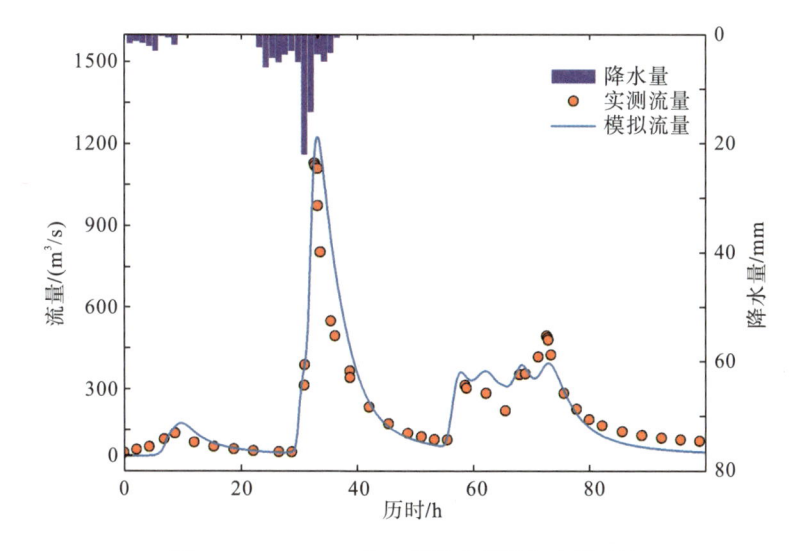

图 3.12 20180101 次山洪洪水模拟与实测对比

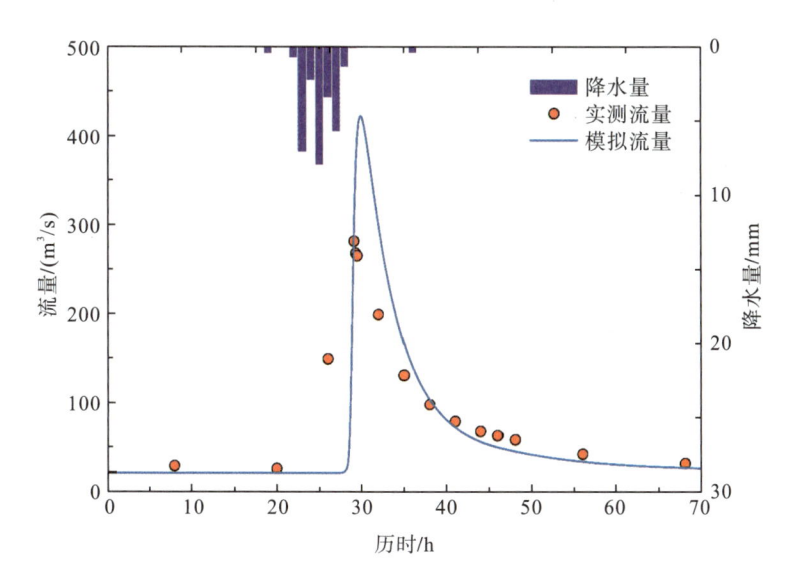

图 3.13 20180810 次山洪洪水模拟与实测对比

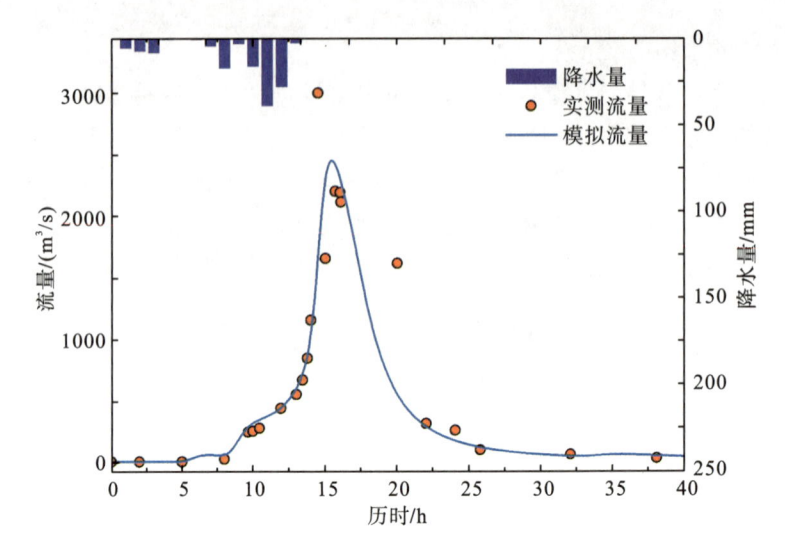

图 3.14　20180816 次山洪洪水模拟与实测对比

表 3.3　水文模拟结果评定表

时期	洪号	NSE	MARE
率定期	20180801	0.878	0.237
	20180810	0.646	0.384
检验期	20180816	0.826	0.247

第4章 暴雨山洪过程模拟模型

暴雨山洪过程陡涨猛落且突发性强,给山洪灾害防治带来极大的困难。山洪模拟模型研究是山洪灾害预报、预警、预演、预案"四预"功能的关键环节。随着计算机技术的快速发展,采用数值模拟方法进行暴雨山洪过程的模拟预报已成为当前防灾减灾最为有效的方式之一。受区域激发要素及孕育环境影响,暴雨山洪类型一般可归纳为山洪洪水过程、山洪水沙过程及山洪泥石流过程。本章以不同类型山洪演进控制方程组为基础,构建相应的山洪演进模拟模型。

4.1 暴雨山洪洪水运动模拟方法

4.1.1 山洪洪水运动浅水方程

山洪洪水运动控制方程源自三维纳维-斯托克斯方程(Navier-Stokes equations),简称N-S方程,假设山洪沟洪水水体为不可压缩流,其运动方程组包括动量方程(4.1)和连续方程(4.2)。

$$\frac{\partial(\rho u_i)}{\partial t}+\frac{\partial(\rho u_i u_j)}{\partial x_j}=-\frac{\partial p}{\partial x_i}+\mu\frac{\partial^2 u_i}{\partial x_j \partial x_j} \tag{4.1}$$

$$\frac{\partial u_i}{\partial x_i}=0 \tag{4.2}$$

式中,$u_i, u_j (i, j = 1, 2, 3)$ 为笛卡儿坐标的 x,y,z 向流速分量,m/s;t 为时间,s;p 为压力,N;ρ 为水体密度,kg/m³;μ 为分子黏性系数,N·s/m²。

N-S方程对流体的描述是基于微观尺度,即描述流体微元的运动状态,黏性项是相对于分子的黏性尺度,直接采用N-S方程开展直接数值模拟(direct numerical simulation,DNS),网格尺度和时间尺度较小,计算量巨大,工程应用较少采用。沟床山洪洪水模拟需对N-S方程进行时均化处理。

基于雷诺时均假定,瞬时变量 φ 可被分解为时均部分和脉动部分:

$$\varphi = \bar{\varphi} + \varphi' \tag{4.3}$$

式中,$\bar{\varphi}$ 为时均值;φ' 为脉动值,因而流速分量可转化成

$$u_i = \bar{u}_i + u'_i \tag{4.4}$$

流速分量乘积的时均值为

$$\overline{u_i u_j} = \overline{(\overline{u_i} + u_i')(\overline{u_j} + u_j')} = \overline{(\overline{u_i}\,\overline{u_j} + u_i'\overline{u_j} + \overline{u_i}u_j' + u_i'u_j')} \\ = \overline{u_i}\,\overline{u_j} + \overline{u_i'u_j'} \tag{4.5}$$

将式(4.5)代入式(4.1)，可得

$$\frac{\partial(\rho \overline{u_i})}{\partial t} + \frac{\partial(\rho \overline{u_i}\,\overline{u_j})}{\partial x_j} = -\frac{\partial \overline{p}}{\partial x_i} + \mu \frac{\partial^2 \overline{u_i}}{\partial x_j \partial x_j} - \frac{\partial(\rho \overline{u_i'u_j'})}{\partial x_j} \tag{4.6}$$

$$\frac{\partial \overline{u_i}}{\partial x_i} = 0 \tag{4.7}$$

式中，$-\rho \overline{u_i'u_j'}$ 与应力量纲一致，称为雷诺应力项。

根据布西内斯克(Boussinesq)涡黏性假定，雷诺应力与流速梯度成正比，其值可由式(4.8)确定：

$$-\rho \overline{u_i'u_j'} = \mu_t \left(\frac{\partial \overline{u_i}}{\partial x_j} + \frac{\partial \overline{u_j}}{\partial x_i} \right) - \frac{2}{3} \rho k \delta_{ij} \tag{4.8}$$

式中，μ_t 为涡黏性系数；δ_{ij} 是克罗内克(Kronecker)符号（$i=j$ 时，$\delta_{ij}=1$，否则 $\delta_{ij}=0$）；k 为紊动能，由式(4.9)确定

$$k = \frac{1}{2} \overline{u_i'u_i'} \tag{4.9}$$

与分子黏性系数 μ 相比，涡黏性系数 μ_t 并不是流体特性参数，而依赖于流体的紊动状态，并且随时间和空间发生较大的变化。多数情况下，涡黏性系数远大于分子黏性系数，因此在模拟中分子黏性项可忽略。

定义压力项 $P = \overline{p} + \frac{2}{3}\rho k$，则式(4.6)可转化为

$$\frac{\partial(\rho \overline{u_i})}{\partial t} + \frac{\partial(\rho \overline{u_i}\,\overline{u_j})}{\partial x_j} = -\frac{\partial P}{\partial x_i} + (\mu + \mu_t)\frac{\partial^2 \overline{u_i}}{\partial x_j \partial x_j} \tag{4.10}$$

以上推导中式(4.7)和式(4.10)为雷诺时均形式的 N-S 方程。

完整形式的雷诺时均 N-S 方程是三维的，对其求解可较为准确模拟水流运动。将其应用于河道水流模拟，网格数量较多，且需耦合求解自由水面控制方程，往往需要较多的计算资源，计算时间较长。然而，对于河道、湖泊和近海水流，水流的垂向尺度远小于水平向尺度，亦称为浅水流。在控制方程上，忽略或者简化水流参数的垂向变化，对雷诺时均方程进行水深平均，可得水深平均方程。对于任意水深平均变量 Φ，其定义为

$$\Phi = \frac{1}{H} \int_{Z_b}^{Z_s} \varphi \mathrm{d}z \tag{4.11}$$

式中，Z_s 和 Z_b 为水面和河床高程，m；H 为水深，m。

近底水流非滑移边界条件为

$$\overline{u}_{bx}=0,\ \overline{u}_{by}=0,\ \overline{u}_{bz}=0 \tag{4.12}$$

对于自由水面，其控制方程为

$$\frac{\partial Z_s}{\partial t}+\overline{u}_{bx}\frac{\partial Z_s}{\partial x}+\overline{u}_{by}\frac{\partial Z_s}{\partial y}=\overline{u}_{bz} \tag{4.13}$$

对雷诺时均连续方程沿水深方向进行积分，得

$$\int_{Z_b}^{Z_s}\frac{\partial \overline{u}_x}{\partial x}\mathrm{d}z+\int_{Z_b}^{Z_s}\frac{\partial \overline{u}_y}{\partial y}\mathrm{d}z+\int_{Z_b}^{Z_s}\frac{\partial \overline{u}_z}{\partial z}\mathrm{d}z=0 \tag{4.14}$$

将式(4.12)和式(4.13)代入式(4.14)，得到水深平均连续方程：

$$\frac{\partial H}{\partial t}+\frac{\partial (HU_x)}{\partial x}+\frac{\partial (HU_y)}{\partial y}=0 \tag{4.15}$$

式中，U_x, U_y 分别为 x，y 向的水深平均流速，m/s。

将水深平均的连续方程和动量方程写成统一形式：

$$\begin{aligned}&\frac{\partial}{\partial t}(H\rho\Phi)+\frac{\partial}{\partial x}(HU_x\Phi)+\frac{\partial}{\partial y}(HU_y\Phi)\\&=\frac{\partial}{\partial x}\left(H\Gamma_\Phi\frac{\partial \Phi}{\partial x}\right)+\frac{\partial}{\partial y}\left(H\Gamma_\Phi\frac{\partial \Phi}{\partial y}\right)+S_\Phi\end{aligned} \tag{4.16}$$

式中，等号左侧第一项为非恒定项，代表水力变量的时间变化率；第二项和第三项为对流项，表示流体变量的空间变化率；等式右侧第一项和第二项为紊动扩散项，表征紊动扩散对流动的影响；第三项为源项，为除非恒定项、对流项和扩散项外的其他项。水深平均方程中各参数意义见表 4.1。

表 4.1 水深平均方程参数意义

方程	Φ	Γ_Φ	S_Φ
连续方程	1	0	0
x 向动量方程	U_x	$\overline{\mu}_t$	$\rho S_{fx}+\rho S_{Dx}-\rho gH\dfrac{\partial Z_s}{\partial x}$
y 向动量方程	U_y	$\overline{\mu}_t$	$\rho S_{fy}+\rho S_{Dy}-\rho gH\dfrac{\partial Z_s}{\partial y}$

表 4.1 中，S_{fx} 和 S_{fy} 分别为 x，y 方向床面阻力项；n 为糙率；S_{Dx} 和 S_{Dy} 分别为 x，y 向的垂向不均匀项（又称色散项），表征流速垂向不均匀性对水深平均参数的影响；各项计算方法如式(4.17)~式(4.20)所示。

$$S_{fx} = -gH^{-\frac{1}{3}}n^2 U_x \sqrt{U_x^2 + U_y^2} \tag{4.17}$$

$$S_{Dx} = \int_{Z_b}^{Z_s} \left(\overline{u_x} - U_x\right)^2 dz + \int_{Z_b}^{Z_s} \left(\overline{u_x} - U_x\right)\left(\overline{u_y} - U_y\right) dz \tag{4.18}$$

$$S_{fy} = -gH^{-\frac{1}{3}}n^2 U_y \sqrt{U_x^2 + U_y^2} \tag{4.19}$$

$$S_{Dy} = \int_{Z_b}^{Z_s} \left(\overline{u_x} - U_x\right)\left(\overline{u_y} - U_y\right) dz + \int_{Z_b}^{Z_s} \left(\overline{u_y} - U_y\right)^2 dz \tag{4.20}$$

式(4.16)为水深平均方程的完整形式，在河流、湖泊和近海水流模拟中有广泛的应用。不同水流条件下，方程各项对计算结果的影响差异显著。例如，山丘区沟床坡度较陡，水流流速大，非恒定项和对流项具有决定作用，忽略紊动扩散项和垂向非均匀项，求解方程仍能给出较准确的结果；平原河道扩散项的影响有所增大，忽略紊动扩散项可能使悬移质输移和污染物扩散模拟产生较大的误差；弯道水流螺旋流影响凹岸和凸岸水流结构，忽略垂向非均匀项模拟弯道水流会带来较大误差，需进行模型修正。

对于山洪洪水过程，水流的时间和空间变化较快，为典型的对流占优型水流运动，因此在模拟中将主要考虑非恒定项、对流项和床面阻力项，忽略其他项。

4.1.2　山洪沟平面二维浅水方程的求解

将水深平均方程(4.16)中的扩散项、垂向非均匀项忽略，并将源项的水位梯度项分解为水深梯度项和床面梯度项，对于清水，密度为常数，可从等式两侧消除。为方便阅读，后续公式中采用 h，u，v 替代 H，U_x，U_y，得到浅水方程如式(4.21)～式(4.23)所示：

$$\frac{\partial h}{\partial t} + \frac{\partial (uh)}{\partial x} + \frac{\partial (vh)}{\partial y} = 0 \tag{4.21}$$

$$\frac{\partial (uh)}{\partial t} + \frac{\partial \left(u^2 h + \frac{1}{2}gh^2\right)}{\partial x} + \frac{\partial (uvh)}{\partial y} = S_{fx} - gh\frac{\partial z_b}{\partial x} \tag{4.22}$$

$$\frac{\partial (vh)}{\partial t} + \frac{\partial (uvh)}{\partial x} + \frac{\partial \left(v^2 h + \frac{1}{2}gh^2\right)}{\partial y} = S_{fy} - gh\frac{\partial z_b}{\partial y} \tag{4.23}$$

其向量形式为

$$\frac{\partial \boldsymbol{U}}{\partial t} + \frac{\partial \boldsymbol{F}(\boldsymbol{U})}{\partial x} + \frac{\partial \boldsymbol{G}(\boldsymbol{U})}{\partial y} = \boldsymbol{S}(\boldsymbol{U}) \tag{4.24}$$

其中

$$\begin{cases} \boldsymbol{U} = \begin{bmatrix} h \\ hu \\ hv \end{bmatrix}, \boldsymbol{F} = \begin{bmatrix} hu \\ u^2h + \dfrac{1}{2}gh^2 \\ huv \end{bmatrix}, \boldsymbol{G} = \begin{bmatrix} hv \\ huv \\ v^2h + \dfrac{1}{2}gh^2 \end{bmatrix} \\ \boldsymbol{S}(\boldsymbol{U}) = \begin{bmatrix} 0 \\ S_{fx} - gh\dfrac{\partial z_b}{\partial x} \\ S_{fy} - gh\dfrac{\partial z_b}{\partial y} \end{bmatrix} \end{cases} \quad (4.25)$$

早期对浅水方程的研究中进一步忽略了床面梯度项，成为平底浅水方程，其源项为

$$\boldsymbol{S}(\boldsymbol{U}) = \begin{bmatrix} 0 \\ S_{fx} \\ S_{fy} \end{bmatrix} \quad (4.26)$$

平底浅水方程仅适用于平底水流运动，应用范围受到较大限制。平底浅水方程精确解为非显式解，求解过程需要多次迭代，求解效率较低，但精确解物理结果准确，多被用于测试数值格式的精度。浅水方程精确解的计算方法可参考有关文献(Toro，2001)。

针对浅水方程的数值解问题，对式(4.24)在控制体积(图 4.1)上进行积分，可得

$$\int_A \frac{\partial U}{\partial t} dA + \int_A \left[\frac{\partial F(U)}{\partial x} + \frac{\partial G(U)}{\partial y} \right] dA = \int_A S(U) dA \quad (4.27)$$

根据格林公式，式(4.27)可转化为

$$\frac{\partial U}{\partial t} \Delta A + \sum_{j=1}^{3} \left[F(U) \cdot nx + G(U) \cdot ny \right] \Delta_{li} = S(U) \Delta A$$

或

$$U^{n+1} = U^n - \frac{\sum_{j=1}^{3} \left[F(U) \cdot nx + G(U) \cdot ny \right] \Delta_{li}}{\Delta A} + S(U) \quad (4.28)$$

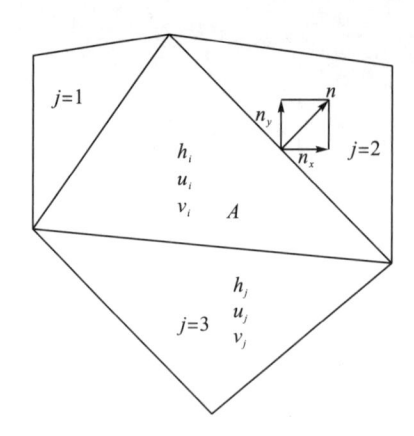

图 4.1 积分区域示意图

式中，ΔA 为积分子区域（网格）面积；l 为网格边长度；n_x，n_y 为网格边的法向单位矢量分量；j 的最大值为网格边数量，三角形网格为 3，四边形网格为 4，理论上可以为任意多边形网格；U^{n+1} 和 U^n 分别为变量在下一时刻和当前时刻 n 的值。

其中，$F(U)$ 和 $G(U)$ 为界面通量，以较为流行的 HLL 近似求解为例：

$$F = \begin{cases} F_L, & S_L > 0 \\ F^{HLL} = \dfrac{S_R F_L - S_L F_R + S_R S_L (U_R - U_L)}{S_R - S_L}, & S_L \leqslant 0 \leqslant S_R \\ F_R, & S_R < 0 \end{cases} \quad (4.29)$$

式中

$$\begin{cases} S_L = u_L - \sqrt{gh_L} \\ S_M = S_R, \qquad h_L > 0, \ h_R = 0 \\ S_R = u_L + 2\sqrt{gh_L} \end{cases} \quad (4.30)$$

$$\begin{cases} S_L = u_R - 2\sqrt{gh_R} \\ S_M = S_L, \qquad h_L = 0, \ h_R > 0 \\ S_R = u_R + 2\sqrt{gh_R} \end{cases} \quad (4.31)$$

$$\begin{cases} S_L = \min\left(u_L - \sqrt{gh_L}, u^* - S^*\right) \\ S_M = u^*, h_L > 0, \ h_R > 0 \\ S_R = \max\left(u_R + \sqrt{gh_R}, u^* + S^*\right) \end{cases} \quad (4.32)$$

其中

$$u^* = 0.5(u_L + u_R) + \sqrt{gh_L} - \sqrt{gh_R} \quad (4.33)$$

$$S^* = 0.5\left(\sqrt{gh_L} + \sqrt{gh_R}\right) + 0.25(u_L - u_R) \quad (4.34)$$

对流项的求解过程为:

①根据式(4.30)~式(4.34)和网格界面左右两侧水深和流速计算波速 S_L、S_R 和 S_M；

②根据波速代入式(4.29)计算界面质量通量和动量通量；

③将界面通量值代入式(4.28)更新变量(h, u, v)的值。

对于源项处理问题，床面梯度项的处理需满足和谐性原则(Bermudez and Vazquez, 1994)，即在如图4.2所示的静水条件下，床面梯度项的计算须与对流通量计算中水深的选取一致，使得插值水位与实际水位一致，界面通量为零，保证床面梯度计算没有引起虚假界面通量。关于和谐性的实现方法，可参考 Aureli 等(2008)的研究成果。

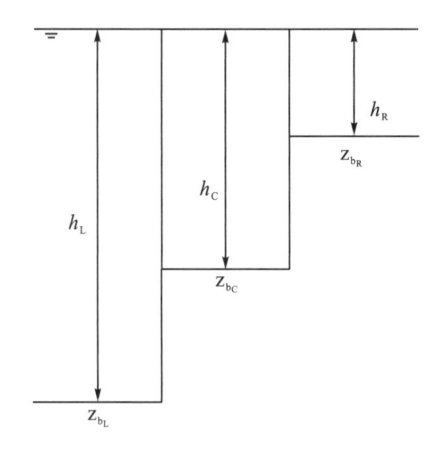

图 4.2 床面梯度和谐性重构示意图

注：z_{b_L} 表示床面高程左侧单元；z_{b_C} 表示床面高程中间单元；z_{b_R} 表示床面高程右侧单元

4.1.3 山洪洪水运动模型验证

模型验证采用干支流交汇口溃坝试验资料(Chen et al., 2019)，试验布置如图4.3所示。试验水槽包括主槽、可变交汇角的支槽和尾水箱等部分。其中主槽和支槽上游各设水箱，水箱与水槽连接处设置可快速开启的闸门。试验时首先保持闸门关闭，水箱内保持一定深度的水体，待水体为静水状态时，快速开启闸门，模拟主槽、支槽不同组合工况下溃坝水流在汇口处的传播规律。试验中水位测点布置如图4.4所示。

模型验证中选取交汇角度为90°，支槽坝体溃决时的4#和5#断面模拟成果与试验结果对比如图4.5所示，表明沟床山洪洪水数学模型可以准确模拟洪水波动过程。

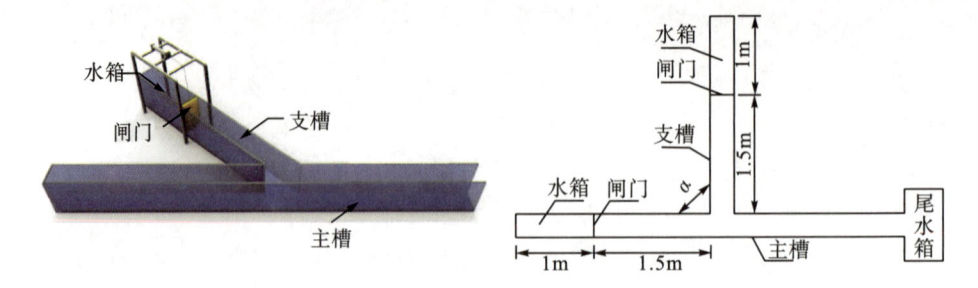

图 4.3　交汇口溃坝山洪洪水试验设计示意图

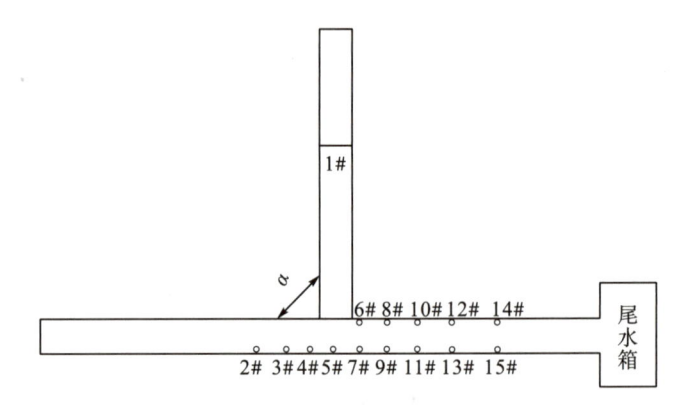

图 4.4　交汇口溃坝山洪洪水演进试验水位测点布置

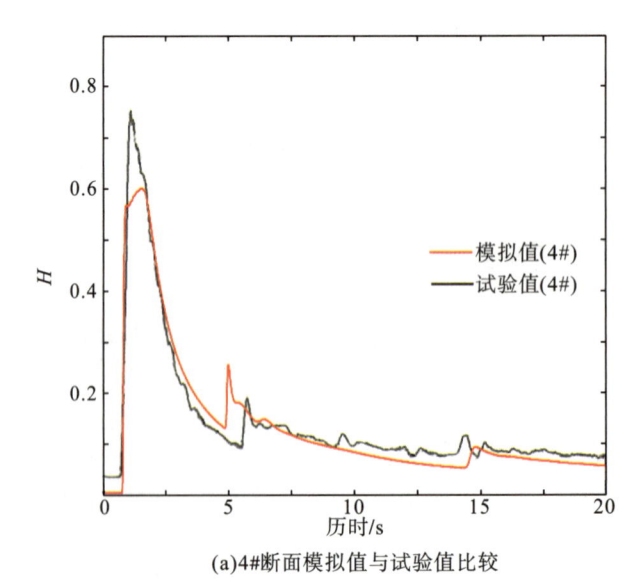

(a) 4#断面模拟值与试验值比较

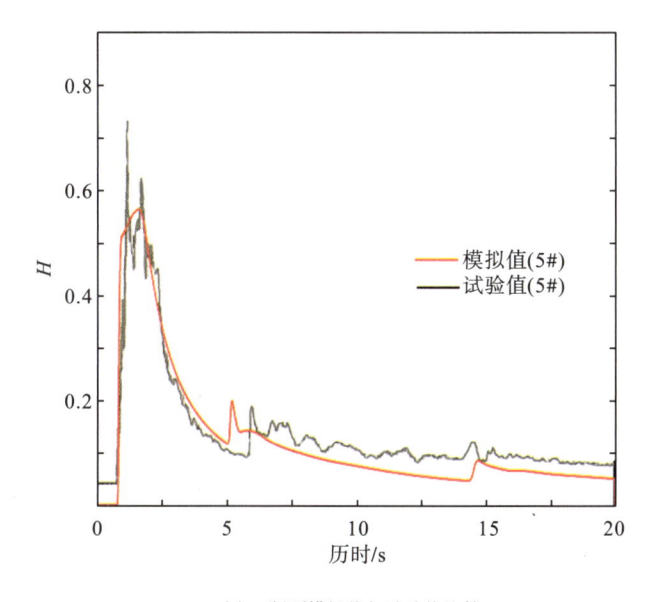

(b) 5#断面模拟值与试验值比较

图 4.5 交汇口溃坝山洪洪水演进试验与模拟水位对比

4.2 暴雨山洪水沙运动模拟方法

4.2.1 山洪沟平面二维水沙动力学方程

山洪水沙运动模拟采用两相流方程，即

$$\frac{\partial(\rho_m h)}{\partial t}+\frac{\partial(\rho_m hu)}{\partial x}+\frac{\partial(\rho_m hv)}{\partial y}=-\rho_0\frac{\partial z_b}{\partial t} \tag{4.35}$$

$$\frac{\partial(\rho_m hu)}{\partial t}+\frac{\partial\left(\rho_m hu^2+\frac{1}{2}\rho_m gh^2\right)}{\partial x}+\frac{\partial(\rho_m huv)}{\partial y} \\ =-\rho_m gn^2 u\sqrt{u^2+v^2}h^{-\frac{1}{3}}-\rho_m gh\frac{\partial z_b}{\partial x} \tag{4.36}$$

$$\frac{\partial(\rho_m hv)}{\partial t}+\frac{\partial(\rho_m huv)}{\partial x}+\frac{\partial\left(\rho_m hv^2+\frac{1}{2}\rho_m gh^2\right)}{\partial y} \\ =-\rho_m gn^2 v\sqrt{u^2+v^2}h^{-\frac{1}{3}}-\rho_m gh\frac{\partial z_b}{\partial y} \tag{4.37}$$

式(4.35)～式(4.37)为水沙两相流连续方程和动量方程，ρ_m 为水沙混合密度，单位为 kg/m³，方程形式与前述浅水方程有一定的差异，为编写与浅水方程类似的求解程序，对控制方程进行转换，消去等式左侧的 ρ_m，获得式(4.38)~式(4.40)，其形式与浅水方程较为类似，只右侧源项增加了输沙率梯度附加项和床面变形附加项，而床面阻力计算则包含了动床阻力计算。式(4.41)~式(4.43)为推移质输沙控制方程和床面变形方程，式(4.38)~式(4.43)一起构成山洪水沙动力学方程。

$$\frac{\partial(h)}{\partial t}+\frac{\partial(hu)}{\partial x}+\frac{\partial(hv)}{\partial y}=-\frac{\partial z_b}{\partial t} \tag{4.38}$$

$$\frac{\partial(hu)}{\partial t}+\frac{\partial\left(hu^2+\frac{1}{2}gh^2\right)}{\partial x}+\frac{\partial(huv)}{\partial y}$$
$$=-g\left(n^2+n'^2\right)u\sqrt{u^2+v^2}h^{-\frac{1}{3}}-gh\frac{\partial z_b}{\partial x} \tag{4.39}$$
$$-\frac{(\rho_s-\rho_w)gh^2}{2\rho_m\rho_s}\frac{\partial q_b}{\partial x}+\frac{(\rho_0-\rho_m)}{\rho_m}\frac{u\partial z_b}{\partial t}$$

$$\frac{\partial(hv)}{\partial t}+\frac{\partial(huv)}{\partial x}+\frac{\partial\left(hv^2+\frac{1}{2}gh^2\right)}{\partial y}$$
$$=-g\left(n^2+n'^2\right)v\sqrt{u^2+v^2}h^{-\frac{1}{3}}-gh\frac{\partial z_b}{\partial y} \tag{4.40}$$
$$-\frac{(\rho_s-\rho_w)gh^2}{2\rho_m\rho_s}\frac{\partial q_b}{\partial y}+\frac{(\rho_0-\rho_m)}{\rho_m}\frac{v\partial z_b}{\partial t}$$

$$\frac{\partial(hq_{b,k})}{\partial t}+\frac{\partial(huq_{b,k})}{\partial x}+\frac{\partial(hvq_{b,k})}{\partial y}=-\alpha_{qb,k}\omega_{qb,k}\left(q_{b,k}-q_{*b,k}\right) \tag{4.41}$$

$$\rho'\frac{\Delta z_{b,k}}{\Delta t}=\alpha_{qb,k}\omega_{qb,k}\left(q_{b,k}-q_{*b,k}\right) \tag{4.42}$$

$$\frac{\Delta z_b}{\Delta t}=\sum_{k=1}^{N}\Delta z_{b,k} \tag{4.43}$$

$$q_{b0}=\frac{K_b}{C_0^2}\frac{\rho_s\rho_m}{\rho_s-\rho_m}(U-U_c)\frac{U^3}{g\omega_b} \tag{4.44}$$

$$q_{b*}=q_{b0}/(hU)=\frac{K_b}{C_0^2}\frac{\rho_s\rho_m}{\rho_s-\rho_m}(U-U_c)\frac{U^2}{hg\omega_b} \tag{4.45}$$

式中，ρ_s 为泥沙密度，kg/m³；ρ_w 为清水密度，kg/m³；ρ_0 为床沙干密度，kg/m³；ρ' 为床沙湿密度，kg/m³；$\rho_0=(1-\rho'/\rho_s)\rho_w+\rho'$；$q_{b,k}$ 为第 k 组粒径的推移质体积输沙率，m³/s；$q_{*b,k}$ 为第 k 组粒径的推移质输沙能力，kg/m³；q_b 为推移质体积输沙率，kg/m³；$\alpha_{qb,k}$ 为推移质非均匀输沙交换系数；$\omega_{qb,k}$ 为第 k 组粒径泥沙沉速，m/s；$\Delta z_{b,k}$ 为第 k 组粒径对应的床面变化高度，m；n 和 n' 分别为沙粒阻力和沙波

阻力对应的糙率；q_{b0} 为单宽水流挟沙能力，kg/(s·m²)；q_{b*} 为单位体积水流挟沙能力，kg/m³。

4.2.2 山洪水沙运动模型验证

模型验证选取梯级堰塞体溃决试验数据(Chen et al., 2014)，该试验通过在坡度为 12°的水槽中铺设不同厚度床沙，水槽最左侧设置洪水来流装置，模拟高速山洪经过沟床时的强输沙过程。试验中设置了两处水位实时测点(图 4.6 中 C1 和 C3)，记录山洪演进时刻的水位变化过程。图 4.7 为试验前后的床面形态与数值模拟比较，图 4.8 为 C1 和 C3 测点水位变化过程对比，表明糙率率定后的模型可准确模拟强输沙条件下的山洪水沙演进过程。

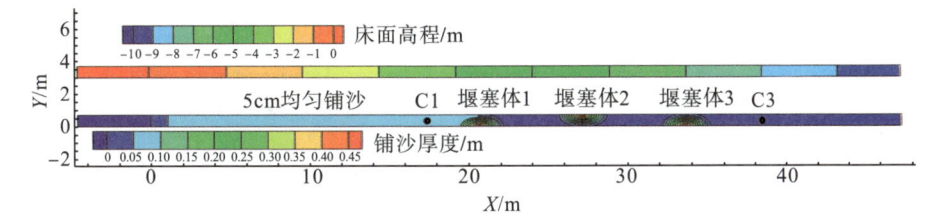

图 4.6　梯级堰塞体溃决山洪水沙演进试验设计示意图

图 4.7　梯级堰塞体溃决山洪水沙演进试验及数值反演床面形态

(a)测点C1模拟值与试验值比较

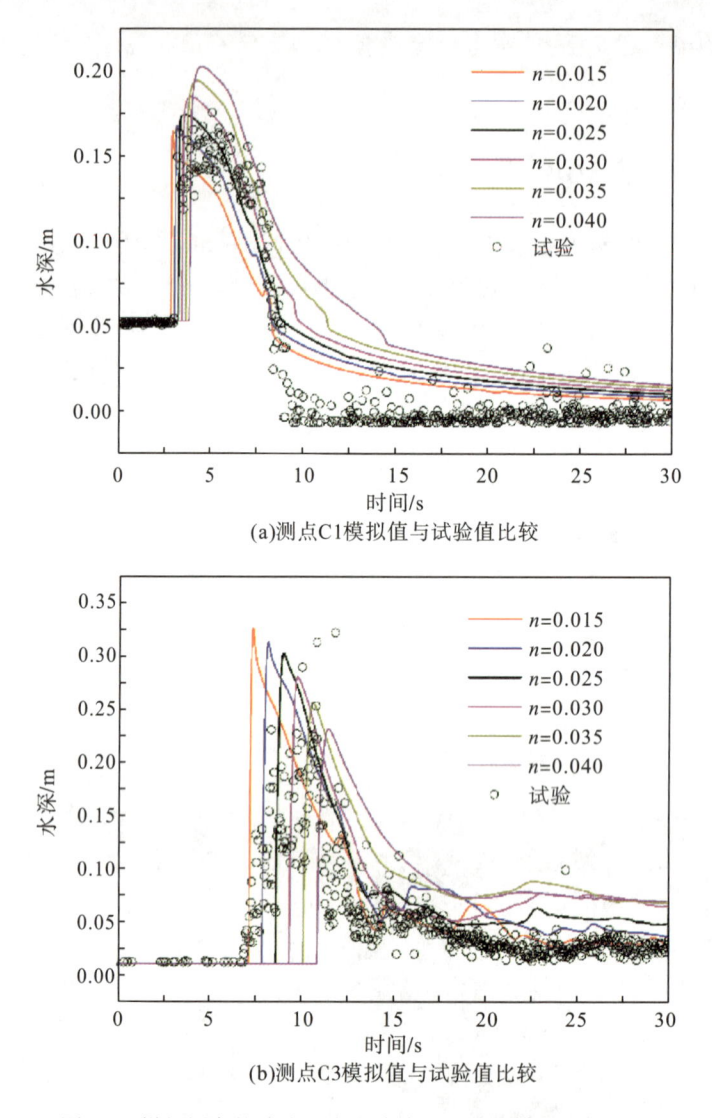

(b)测点C3模拟值与试验值比较

图4.8 梯级堰塞体溃决山洪水沙演进试验与模拟水位对比

4.3 暴雨诱发滑坡产沙评价方法

4.3.1 滑坡产沙估算模型

大量山洪泥石流事件表明，流域滑坡常带来大量的泥沙补给。为掌握暴雨条件下的滑坡产沙特性，在已有研究的基础上，建立了滑坡产沙估算模型，计算流程如图4.9所示。主要步骤包括：基于高程数据、野外调查和理论分析，结合浅层滑坡孕灾因子及环境特点，划分斜坡单元，采用基于栅格单元的降雨诱发型边坡稳定性计算模型(transient rainfall infiltration and grid-based regional slope-stability model，TRIGRS)进行滑坡危险性评价，提出滑坡诱发产沙的估算方法，为山洪泥石流运动模拟提供滑坡产沙来源。

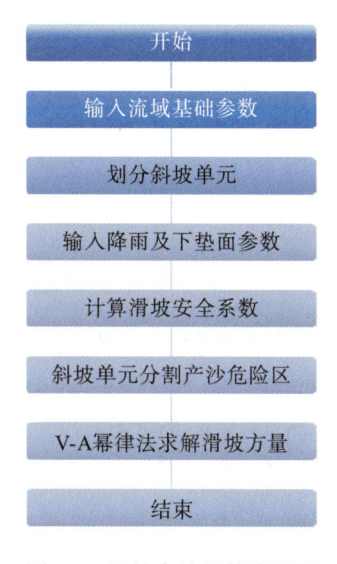

图 4.9　滑坡产沙估算流程图

TRIGRS 模型是美国地质调查局基于 Fortran 语言编写的降雨诱发边坡稳定性计算模型。该模型以栅格单元降雨变化引起的瞬态孔隙水压力变化分析为基础，输入参数主要包括降雨数据、地形数据、土壤厚度、下垫面力学参数及地下水位埋深等，适用于饱和土体与非饱和土体条件下的边坡稳定性模拟研究，主要包括入渗模型、水文模型及边坡稳定性模型。

其中，入渗模型为 Iverson（2000）提出的基于时间和空间的瞬时降雨入渗模型。Baum 等(2008)结合数字地形耦合了瞬态孔隙压力变化模型，对 Iverson 模型土层概化进行了优化(图 4.10)。入渗包含稳定入渗和瞬时入渗，瞬时入渗取决于初始地下水位等参数，由如下公式计算：

$$\psi(Z,t) = (Z-d)\beta + k_1 + k_2 \tag{4.46}$$

$$k_1 = 2\sum_{n=1}^{N} \frac{I_{nZ}}{K_s} H(t-t_n)\left[D_1(t-t_n)\right]^{\frac{1}{2}}$$
$$\times \sum_{m=1}^{\infty}\left\{\text{ierfc}\left[\frac{(2m-1)d_{LZ}-(d_{LZ}-Z)}{2\left[D_1(t-t_n)\right]^{\frac{1}{2}}}\right]+\text{ierfc}\left[\frac{(2m-1)d_{LZ}+(d_{LZ}-Z)}{2\left[D_1(t-t_n)\right]^{\frac{1}{2}}}\right]\right\} \tag{4.47}$$

$$k_2 = -2\sum_{n=1}^{N} \frac{I_{nZ}}{K_s} H(t-t_{n+1})\left[D_1(t-t_{n+1})\right]^{\frac{1}{2}}$$
$$\times \sum_{m=1}^{\infty}\left\{\text{ierfc}\left[\frac{(2m-1)d_{LZ}-(d_{LZ}-Z)}{2\left[D_1(t-t_n)\right]^{\frac{1}{2}}}\right] + \text{ierfc}\left[\frac{(2m-1)d_{LZ}+(d_{LZ}-Z)}{2\left[D_1(t-t_{n+1})\right]^{\frac{1}{2}}}\right]\right\} \quad (4.48)$$

式中，$\psi(\ )$ 为地下水压力水头，m；t 为时间，s；Z 为土壤厚度，m；d 为地下水深度，m；K_s 是饱和导水率；I_{nZ} 是 n 时刻的表面通量，m/s；N 是时间间隔总数；d_{LZ} 为不透水层的边界；m 为无穷级数项的系数；ierfc（ ）是互补误差函数，表达式如下：

$$\text{ierfc}(\eta) = \frac{1}{\sqrt{\pi}}\exp(-\eta^2) - \eta\,\text{erfc}(\eta) \quad (4.49)$$

采用 Garden（1958）的水力参数模型，可获取非饱和土特性曲线 Richard（理查德）方程参数间的关系，表达式为

$$K(\psi) = K_s \exp(\alpha \psi^*) \quad (4.50)$$
$$\theta = \theta_r + (\theta_s - \theta_r)\exp(\alpha \psi^*) \quad (4.51)$$

式中，$K(\psi)$ 是水力传导函数；ψ^* 为毛细管边缘顶部的压力水头，$\psi^* = \psi - \psi_0$；α 表征土壤特性参数；θ 为土壤含水率；θ_r 为凋萎含水率；θ_s 为饱和含水率。

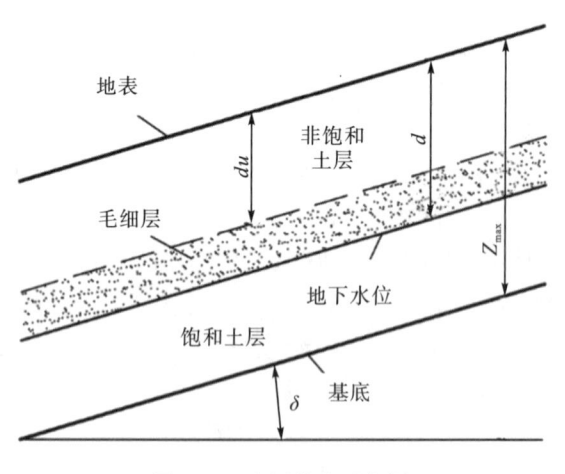

图 4.10 土层分布示意图

边坡稳定性分析模型主要依据无限边坡的概念，即对土层厚度远小于边坡的长和宽的近似简化。抗滑力与下滑力的比值被定义为 F_s，即安全系数。当安全系数 $F_s<1$ 时，认为边坡处于危险状态。地下水压力水头计算边坡稳定性公式为

$$F_s(Z,t) = \frac{\tan\varphi'}{\tan\delta} + \frac{C' - \psi(Z,t)\gamma_w \tan\varphi'}{\gamma_s Z \sin\delta\cos\delta} \quad (4.52)$$

式中，F_s 为安全系数；φ' 为内摩擦角，(°)；δ 是坡度，(°)；C' 为有效黏聚力，kPa；ψ 为地下水压力水头，m；γ_w 是地下水容重，kN/m³；γ_s 是土壤容重，kN/m³；Z 为土壤厚度，m。

水文模型采用水量平衡法对地表径流进行模拟。单位时间内栅格无法入渗的降水量被认为是地表径流，并按流向沿下游栅格进行计算，从而保证降水量质量守恒。入渗式为

$$I = P + R_u, R_u \leq K_s \tag{4.53}$$

式中，I 为土壤入渗率，mm/s；P 为单位时间降水量，mm/s；R_u 为单位时间上游栅格的地表径流深，mm/s；K_s 为饱和导水率，mm/s。

4.3.2 典型小流域滑坡产沙分析

1. 龙溪河流域概况

龙溪河位于四川省都江堰市区的西北面，属岷江水系，流域西与汶川交界，南与紫坪铺水库相邻。龙溪河流域总面积约为 69.8km²，海拔落差较大，范围在 808~3244m。流域多年平均降水量为 1134.8mm，年内雨量分配不均，5~9 月占全年降水量的 80%。暴雨诱发滑坡产沙导致山洪泥石流频发，例如，2010 年 8 月 4 日至 8 月 12 日该区域发生持续性雷阵雨，日平均降水量 28.7mm，8 月 13 日下午 3 时 30 分开始下大雨，连续 3 小时累积降水量超过 150mm，由此引发大量的滑坡产沙及山洪泥石流事件(图 4.11)。本书以 2010 年 8 月 13 日降雨过程(图 4.12)为例，分析龙溪河流域滑坡产沙特性。

图 4.11 龙溪河流域历史山洪泥石流灾害点示意图

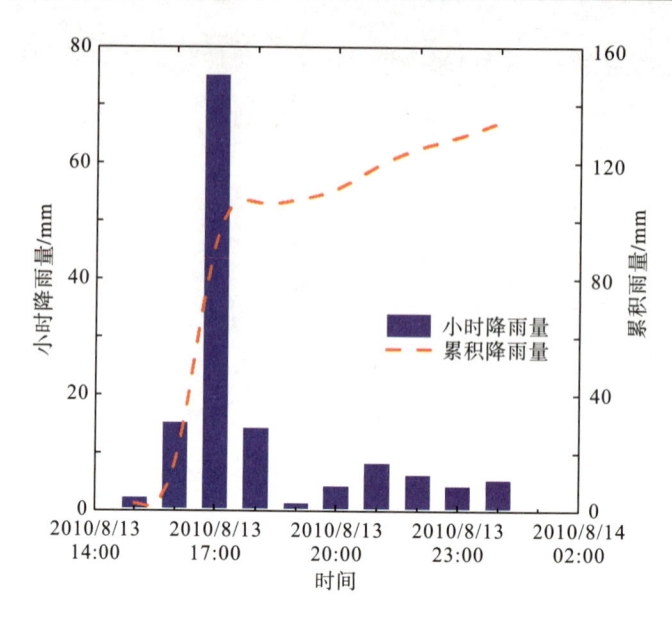

图 4.12　2010 年 8 月 13 日龙溪河流域降雨过程

2. 龙溪河流域土壤含水率参数

为获取龙溪河流域典型山洪沟——麻柳沟土壤含水率变化，作者团队分别于 2019 年 7 月 23 日、9 月 7 日、11 月 23 日和 2020 年 1 月 11 日、4 月 11 日进行了 5 次实地调查。沿山洪沟固定点测量不同土层厚度的土壤含水率(图 4.13)。从山洪沟上游到下游依次选取典型位置，即 a，b，c，d，e，f 六处，各位置距离麻柳沟沟口及高程如图 4.14 所示，含水率测量值如图 4.15 所示，其中 a，b，d，e 测点为壤土及少量砂壤土，土壤含水率在 23%～30%之间变化；监测点 c 与 f 坡度相对较缓，土壤为砂壤土，含水率相对较小，为 12%～14%。

由图 4.15 可知，受不同季节及前期降雨的影响，壤土的含水率易发生较大变化，每次调查的前期降水量均不相同。受前期雨量影响，2019 年 11 月 23 日、2020 年 4 月 11 日的土壤含水率较大。2020 年 4 月 11 日，龙池镇前期降水量达 19.8mm，为五次调查的最大值。2019 年 7 月 23 日、2019 年 9 月 7 日及 2020 年 1 月 11 日前期均无明显降雨，这三个时段的含水率保持在 23%～25%。此外，2020 年 1 月 11 日的数据明显小于其他时段。整体来讲，冬季土壤含水率要低于其他季节的土壤含水率。砂壤土全年含水率相对于壤土变化幅度较小，主要维持在 10%～17%。不同高程、坡度的山洪沟测点位置土壤组成稍有差异，从而影响土壤含水率大小。

第 4 章　暴雨山洪过程模拟模型

图 4.13　龙溪河麻柳沟小流域土壤含水率测量（照片）

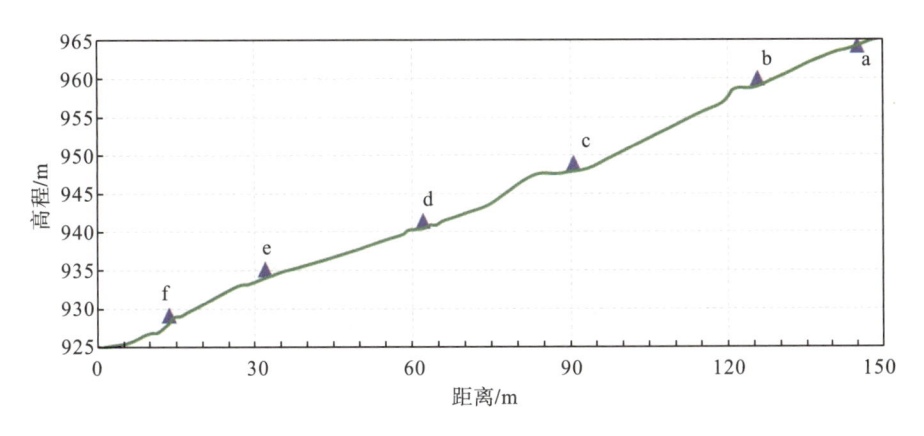

图 4.14　龙溪河麻柳沟小流域土壤含水率测点位置

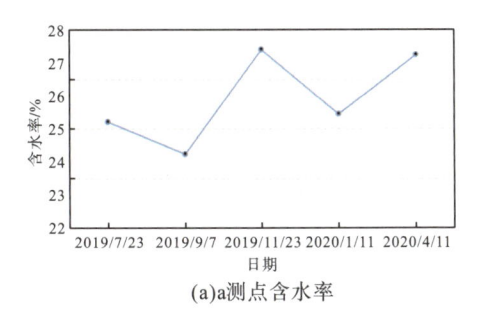

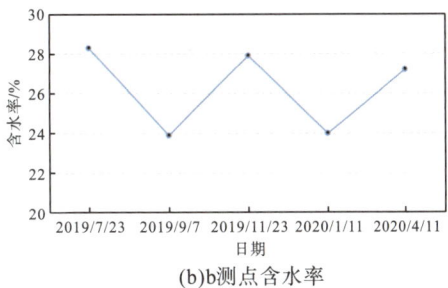

(a)a测点含水率

(b)b测点含水率

(c)c测点含水率

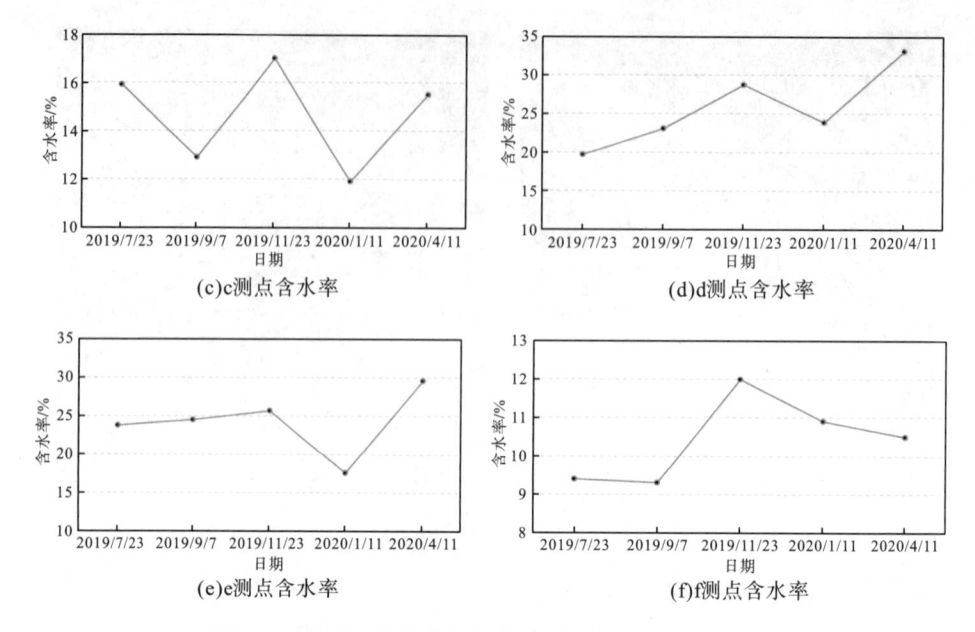

(d)d测点含水率

(e)e测点含水率

(f)f测点含水率

图 4.15　龙溪河麻柳沟小流域不同位置土壤含水率变化

3. 龙溪河流域土壤力学参数

伏耀龙等(2012)认为龙溪河流域土壤类型主要为砂壤土、粉壤土及壤土。为了解含水率对土壤力学参数的影响，王江峰等(2019)开展了大量的砂壤土三轴试验，建立了黏聚力、内摩擦角与含水率的关系，即

$$C = 0.0096\omega^3 - 0.7593\omega^2 + 17.591\omega - 88.58 \tag{4.54}$$

$$\varphi = -0.0014\omega^3 - 0.1098\omega^2 + 3.285\omega - 54.08 \tag{4.55}$$

式中，C 为黏聚力，kPa；φ 为内摩擦角，(°)；ω 为土壤含水率，%。

结合现场测试及前人研究成果，分析认为在前期无明显降雨的情况下龙溪河流域雨季土壤含水率约为 23%。受前期降雨影响，最大平均土壤含水率可参考 2020 年 4 月 11 日各测量点含水率平均值，达到 29%。本书采用王江峰等(2019)的土壤力学实验参数，并参考 HYDRUS-1D 给出的不同土壤类型力学参数(Šimůnek et al.，2005)，对龙溪河流域进行模拟分析。Rawls 和 Brakensiek(1982)通过多元线性回归对 2540 个样本进行处理，估算了 Brook-Corey 参数；Carsel 和 Parrish(1988)将 12 种土壤类型的参数转化为 Van Genuchten 参数。本书模型土壤力学参数见表 4.2。

表 4.2 龙溪河流域土壤力学参数

参数名称	参数值
凋萎含水率 θ_r	0.067
饱和含水率 θ_s	0.45
参数 α	0.02
饱和导水率 K_s /(mm/s)	1.25×10^{-3}
背景渗透率 I_{ZLT} /(mm/s)	1.25×10^{-5}
水力渗透系数 D_0 /(m²/s)	1.25×10^{-5}
土壤黏聚力 C /kPa	17.12
土壤内摩擦角 φ /(°)	17.01
土壤容重 γ /(kN/m³)	19.0

4. 龙溪河流域土壤厚度参数

土壤厚度确定方式较多，本书采用 Saulnier 等（1997）提出的坡度函数法：

$$D_{IZ} = Z_{max}\left[1 - \frac{\tan\delta - \tan\delta_{min}}{\tan\delta_{max} - \tan\delta_{min}}\left(1 - \frac{Z_{min}}{Z_{max}}\right)\right] \tag{4.56}$$

式中，Z_{max} 为土壤厚度的最大值，m；Z_{min} 为土壤厚度的最小值，m；δ 是坡度，(°)；δ_{min} 是坡度的最小值，(°)；δ_{max} 是坡度的最大值，(°)。

结合实地调查，确定 Z_{max} 取 4.0m，Z_{min} 取 0.4m。根据式(4.56)反演得到龙溪河流域土壤厚度分布如图 4.16 所示。

5. 龙溪河流域斜坡单元划分

传统斜坡单元分割方法利用山谷线以及山脊线对流域进行相应的划分，认为山脊线和山谷线包围的部分即为斜坡单元。考虑斜坡单元的生成与流域曲率存在明显的物理关系，颜阁等（2017）指出，平均曲率的处理可以有效地考虑坡度与坡向的关系，以有效避免出现长条形单元。本书采用斜坡单元改进划分方法，将龙溪河流域划分为 10768 个斜坡单元（图 4.17）。

6. 龙溪河流域滑坡产沙估算与验证

基于龙溪河流域降雨、下垫面等资料，采用 TRIGRS 模型评价该流域滑坡危险等级，引入斜坡单元对 TRIGRS 栅格单元进行提取，当斜坡单元内所有栅格单元的安全系数的平均值 F_s<1 时，则该斜坡单元处于危险状态，滑坡产沙估算过程如图 4.18 所示。其中，图 4.18(a) 为 TRIGRS 依据栅格单元得到的结果，图 4.18(b)

为依据 DEM 计算得出的斜坡单元边界，图 4.18(c)为通过斜坡单元处理后的结果。

图 4.16　龙溪河流域土壤厚度　　　　图 4.17　龙溪河流域斜坡单元划分

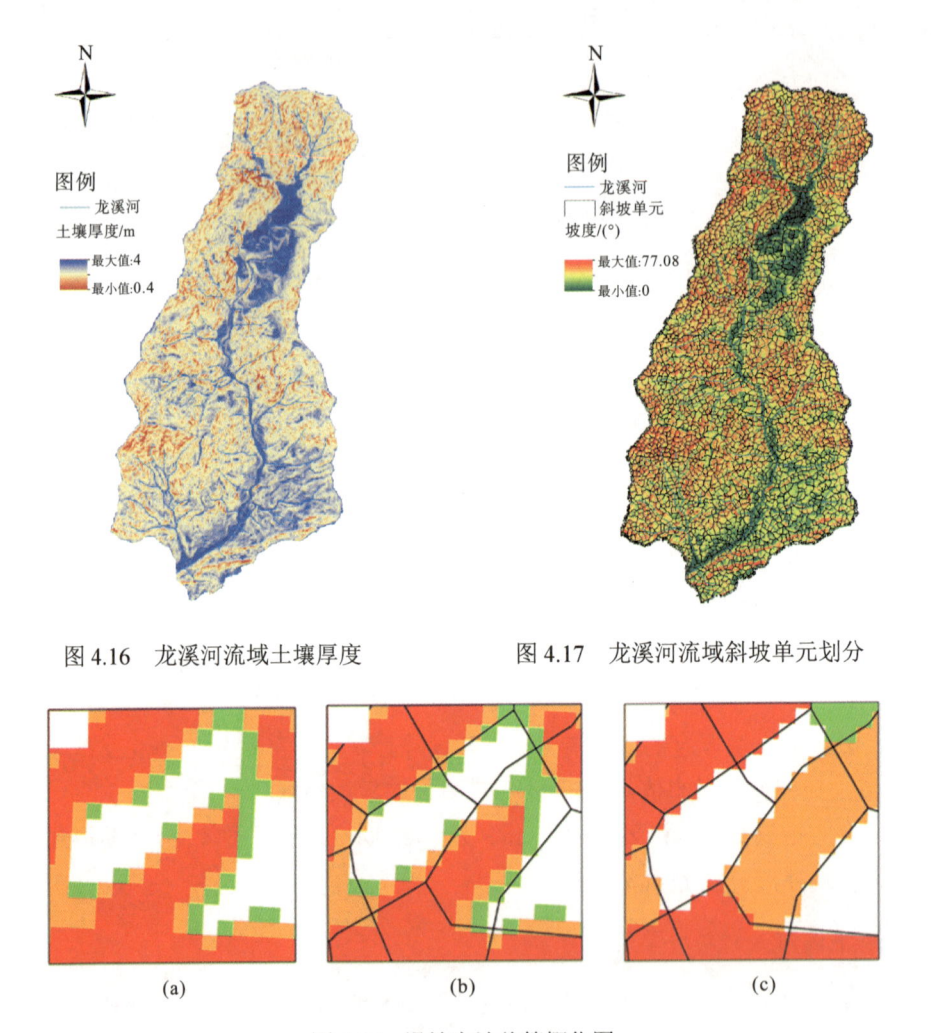

图 4.18　滑坡产沙估算概化图

结合计算的危险性系数图资料，利用 ArcGIS 软件进行斜坡单元提取，得到龙溪河流域危险斜坡单元数及其面积，共 3838 个滑坡单元，19.78km^2。

依据滑坡面积与滑坡产沙方量估算式：

$$V = \alpha A^\beta \tag{4.57}$$

式中，V 为体积，m^3；A 为面积，m^2；α 与 β 为系数。

系数 α 与 β 的取值采用 Parker 等(2011)研究的建议值。通过斜坡单元均化处理，确定安全系数小于 1 的所有斜坡单元，采用式(4.57)计算流域所有滑坡产沙潜在方量，得到龙溪河流域滑坡产沙量总和为 6618.46 万 m^3。

此外，对不同危险系数的斜坡单元按照高风险区、中风险区及低风险区进行划分，见表4.3。

表4.3 滑坡风险区分级

等级	指数范围	危险等级
1	$0.8 < F_s \leqslant 0.9$	高风险
2	$0.9 < F_s \leqslant 0.95$	中风险
3	$0.95 < F_s \leqslant 1$	低风险
4	$1 < F_s \leqslant 10$	安全

为验证滑坡产沙估算的准确性，对流域内4条主要山洪泥石流沟（FFD01～FFD04）进行验证。图4.19为由斜坡单元处理法获取的流域滑坡风险分区图。Chang等（2015）采用遥感解译法估算了龙溪河山洪沟的滑坡面积；程思（2015）基于现场调查法确认了潜在的物源方量。不同计算方法估算的典型山洪沟滑坡方量见表4.4。由表4.4对比可知，本书提出的方法对4条山洪泥石流沟的物源面积及体积估算均有良好精度。其中八一沟的滑坡潜在面积与方量最大，水打沟滑坡潜在面积与方量相对较小。总体来讲，本方法估算面积略大于遥感解译值，主要是由于通过边坡稳定性模型估算得到的为最不利条件下所有滑坡体的分布，而遥感解译主要针对历史滑坡，相对误差大体在20%以内。通过对黄央沟实地考察（图4.20）表明，黄央沟沟道内存在大量滑坡松散堆积体，致使潜在方量估计偏小。

表4.4 龙溪河典型山洪沟滑坡方量估算

编号	山洪沟	LAISI/m²	LASU/m²	LVDI /m³	LVSU/m³
FFD01	八一沟	2278300	2680000	8589400	8782030
FFD02	麻柳沟	166000	197356	594800	633567
FFD03	黄央沟	250000	259531	1435000	934884
FFD04	水打沟	72800	81250	212100	261470

注：LAISI(landslide area by interpretation satellite images)——遥感解译滑坡面积；LASU (landslide area by slope-units)——本书方法估算滑坡面积；LVDI(landslide volume by post-disaster investigation)——灾后调查滑坡方量；LVSU(landslide volume by slope-units)——本书方法估算滑坡方量。

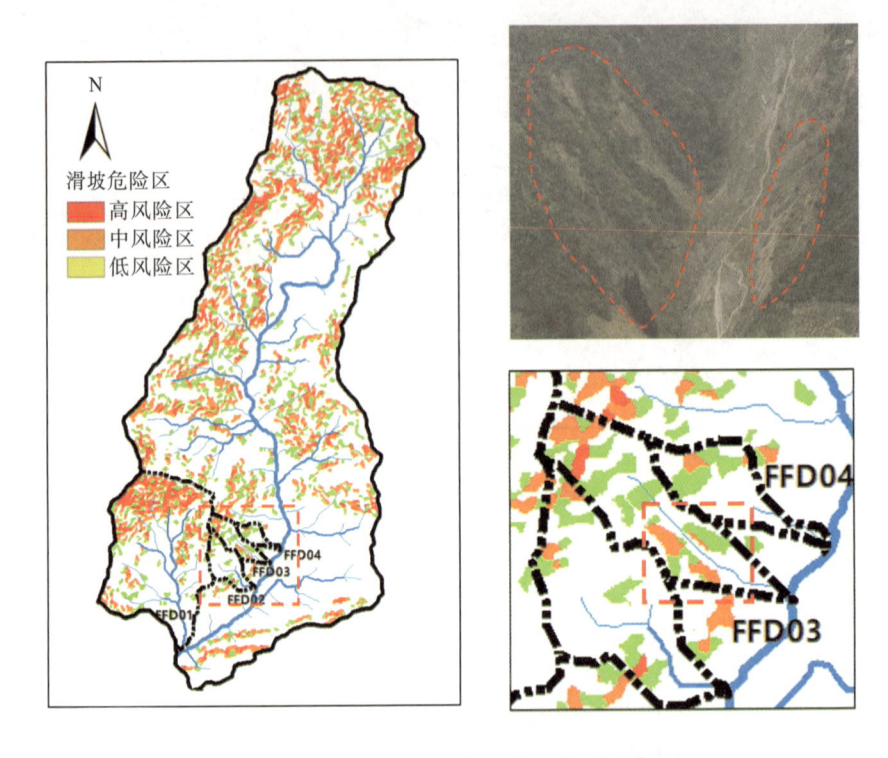

图 4.19　龙溪河流域滑坡风险区划分

图 4.20　黄央沟滑坡松散堆积物(照片)

4.4 暴雨山洪泥石流演进模拟方法

4.4.1 山洪泥石流模拟方法

为准确掌握山洪泥石流演进过程及致灾范围，开展数值模拟方法研究具有重要意义，能够进行流域大规模山洪泥石流演进模拟的连续介质模型得到广泛的应用。本书采用 Iverson 和 Ouyang(2015)推导的深度积分连续介质方法，假定山洪泥石流流体为不可压缩流体且具有恒定的密度，基于流体力学的质量守恒定律及动量守恒定律，其控制方程如下。

质量守恒方程：

$$\frac{\partial \rho}{\partial t} + \frac{\partial (\rho u)}{\partial x} + \frac{\partial (\rho v)}{\partial y} + \frac{\partial (\rho w)}{\partial z} = 0 \tag{4.58}$$

式中，ρ 为流体密度，kg/m³；t 为时间，s；u，v，w 为速度矢量在 x，y，z 方向的速度分量，m/s。

假定流体密度 ρ 保持不变，式(4.58)可简化为

$$\frac{\partial u}{\partial x} + \frac{\partial v}{\partial y} + \frac{\partial w}{\partial z} = 0 \tag{4.59}$$

动量守恒方程：

$$\frac{\partial (\rho u)}{\partial t} + \frac{\partial (\rho u^2)}{\partial x} + \frac{\partial (\rho uv)}{\partial y} + \frac{\partial (\rho uw)}{\partial z} = \rho g_x + \left(\frac{\partial \tau_{xx}}{\partial x} + \frac{\partial \tau_{yx}}{\partial y} + \frac{\partial \tau_{zx}}{\partial z} \right) \tag{4.60}$$

$$\frac{\partial (\rho v)}{\partial t} + \frac{\partial (\rho uv)}{\partial x} + \frac{\partial (\rho v^2)}{\partial y} + \frac{\partial (\rho vw)}{\partial z} = \rho g_y + \left(\frac{\partial \tau_{xy}}{\partial x} + \frac{\partial \tau_{yy}}{\partial y} + \frac{\partial \tau_{zy}}{\partial z} \right) \tag{4.61}$$

$$\frac{\partial (\rho w)}{\partial t} + \frac{\partial (\rho uw)}{\partial x} + \frac{\partial (\rho wv)}{\partial y} + \frac{\partial (\rho w^2)}{\partial z} = \rho g_z + \left(\frac{\partial \tau_{xz}}{\partial x} + \frac{\partial \tau_{yz}}{\partial y} + \frac{\partial \tau_{zz}}{\partial z} \right) \tag{4.62}$$

式中，ρ 为流体密度，kg/m³；u，v，w 为速度矢量在 x，y，z 方向上的速度分量，m/s；τ 为剪切应力，N/m²；g_x，g_y，g_z 为 x，y，z 方向的重力分量，m/s²，其矩阵形式表达为

$$\begin{bmatrix} g_x \\ g_y \\ g_z \end{bmatrix} = \begin{bmatrix} \cos\theta_y & 0 & -\sin\theta_y \\ 0 & 1 & 0 \\ \sin\theta_y & 0 & \cos\theta_y \end{bmatrix} \begin{bmatrix} 1 & 0 & 0 \\ 0 & \cos\theta_x & \sin\theta_x \\ 0 & -\sin\theta_x & \cos\theta_x \end{bmatrix} \begin{bmatrix} 0 \\ 0 \\ g \end{bmatrix} \tag{4.63}$$

考虑山洪泥石流运动在水平方向的范围要远大于淤积厚度，将三维 N-S 方程经过严格推导简化为二维方程，具体表达式如下：

$$\frac{\partial(\bar{\rho}h\bar{u})}{\partial t}+\frac{\partial(\beta_{uu}\bar{\rho}h\bar{u}^2)}{\partial x}+\frac{\partial(\beta_{uv}\bar{\rho}h\overline{uv})}{\partial y}$$
$$=\bar{\rho}g_xh-k_{a/p}\bar{\rho}g_zh\frac{\partial(h+z_b)}{\partial x}-(\tau_{zx})_b+\bar{\rho}\xi u_bE \qquad (4.64)$$

$$\frac{\partial(\bar{\rho}h\bar{v})}{\partial t}+\frac{\partial(\beta_{uu}\bar{\rho}h\overline{uv})}{\partial x}+\frac{\partial(\beta_{uv}\bar{\rho}h\bar{v}^2)}{\partial y}$$
$$=\bar{\rho}g_yh-k_{a/p}\bar{\rho}g_zh\frac{\partial(h+z_b)}{\partial x}-(\tau_{zy})_b+\bar{\rho}\xi v_bE \qquad (4.65)$$

式中，$\bar{\rho}$ 为流体平均密度，kg/m^3；$\bar{u}$、$\bar{v}$ 为 x，y 方向上的流体时均速度，m/s；Z_b 为河床高程，m；h 为流体厚度，m；ξ 为几何系数；E 为侵蚀率；β 为动量系数；τ_b 为近底摩擦阻力，N/m^2；u_b、v_b 为 x，y 方向上的摩阻流速，m/s；$k_{a/p}$ 为土压力系数。

4.4.2 山洪泥石流演进模型验证

为对由式(4.64)～式(4.65)建立的山洪泥石流演进模型的可靠性进行验证，采用白艺彤和宋东日(2021)的试验资料进行对比。白艺彤和宋东日(2021)采用的水槽试验沟床宽 0.7m，坡度为 12°，每组试验的浆体为不同级配的固相浓度，体积为 $0.15m^3$，试验沟床设置 10m 流通段，距闸门 6m 和 7m 的位置分别安放一个传感器监测泥深。本模拟验证采用固相浓度为 50%(密度为 $1817kg/m^3$)的试验组，对山洪泥石流演进的时间、流动深度、最大泥深及残留层厚度进行模拟比较。试验持续时间 13s，约 6.5s 山洪泥石流龙头厚度达 33mm，再经历 0.7s 出现第二个流动峰值，约为 35mm，而后经过小幅度变化趋于稳定，最后残留层厚度为 10.2mm。

模拟模型几何尺寸与试验水槽相同，如图 4.21 所示，模型进口设置同浓度的浆体(固相浓度为 50%)，全过程模拟时长为 13s，对试验组两处超声波传感器监测点泥深变化进行验证。

数值模拟在试验槽起点位置、距离起点 3m 及 6m 处分别设立数值分析监测点 1、监测点 2 和监测点 3。其中，监测点 3 为物理试验的测量点，数值模拟与实测比较如图 4.22 所示。数值模拟试验的山洪泥石流运移状态为以 80mm 的流动深度通过起点，而后快速向下游流动，在 2.2s 时经过监测点 2，最大流动深度为 55mm。再经过 6s 后到达监测点 3，换算成平均流速为 1m/s，试验模拟 6.2s 到达监测点 3，平均流速为 0.96m/s，两者的相对误差为 3.4%。数值模拟试验最大流动深度为 40mm，物理模型试验最大流动深度为 34mm，相对误差为 17.6%。数值模拟试验残留层厚度为 8.6mm，物理试验残留层厚度为 10.2mm，相对误差为 15.7%。对比分析表明，该数值模型可较好模拟山洪泥石流演进过程，流动过程中龙头到达时间相差较小，流动深度基本吻合，最大泥深略大于实际深度，残留层厚度略小于实际厚度。总体来讲，山洪泥石流演进变化范围及泥深模拟相对误差较小，由此认为该数值方法模拟的山洪泥石流演进过程是可靠的。

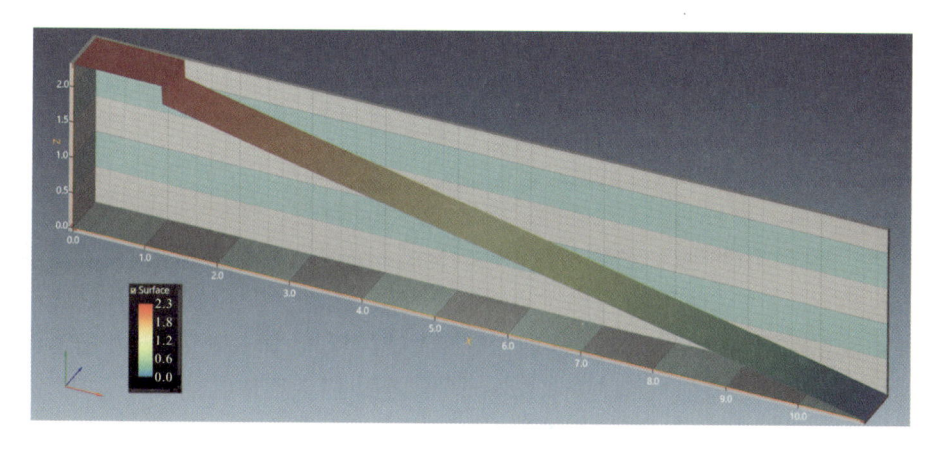

图 4.21　山洪泥石流数值模型示意图

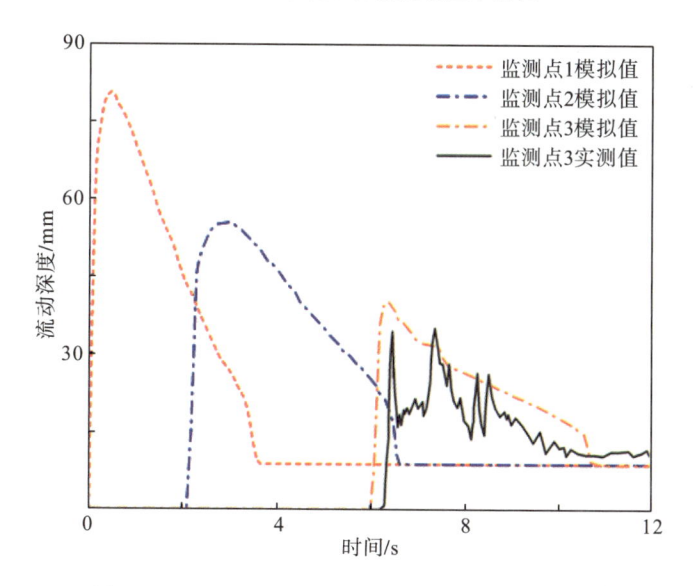

图 4.22　山洪泥石流演进泥深模拟值与实测值比较

第 5 章 典型暴雨山洪演进模拟分析

受降雨、洪水与泥沙耦合作用及强人类活动复合影响，暴雨山洪演进常表现为山洪洪水、山洪水沙及山洪泥石流三种运动模式。本章结合三场典型山洪灾害调查，采用第 4 章建立的暴雨山洪模拟模型，分析四川屏山中都镇"8·16"山洪洪水演进过程，探讨河床冲淤条件下山洪水沙运动特性。针对四川汶川寿溪河三江镇"8·20"山洪灾害，研究河流弯曲、交汇、分汊及心滩等复杂流段的山洪洪水演进特征，进一步模拟分析山洪水沙演进规律。此外，采用滑坡产沙估算和山洪泥石流模拟相结合的方法，反演四川冕宁曹古河流域"6·26"山洪泥石流演进过程。现场调查与数值模拟结果表明，基于暴雨山洪类型构建的山洪洪水、山洪水沙及山洪泥石流过程模拟模型可为山洪灾害防治提供可靠的技术支持。

5.1 四川屏山中都镇中都河"8·16"山洪洪水模拟

5.1.1 中都河"8·16"山洪洪水灾害

中都河流域位于四川省南缘，河流发源于乐山市马边县，经宜宾市屏山县，汇入金沙江，流域面积 706km^2。中都河流域受暴雨作用易形成山洪洪水灾害，例如：1937 年中都区暴雨洪水淹没中都场；1980 年 7 月 18 日安全公社发生山洪，中都河河水陡涨使会龙场水深达 3.0m；1988 年 8 月 3 日荞坝地区暴雨诱发山洪造成 5 人死亡；1992 年 6 月 11 日老河坝乡发生暴雨洪水灾害，毁损公路桥涵 77 道，损坏水利工程 150 处。2018 年 8 月 16 日凌晨 4:00，中都河上游突降暴雨，会步站 4:00 至 15:00 累积雨量达 285mm，超过百年一遇设计降雨量，其中 13:00~14:00 降雨量达到 111mm，约占该场次累积雨量的 39%，下游地区降雨较小，中都站场次累积雨量 118.5mm，最大 1h 雨量仅为 17mm，具有显著的突发性、短历时、降雨集中的特点。根据流域雨量站（图 5.1）实测资料，流域面雨量过程如图 5.2 所示。由图 5.2 可知，面平均累积雨量达 173mm，最大平均雨强 47.5mm/h。龙山水文站 2018 年 8 月 16 日 14:30 监测到最大洪峰流量 3040m^3/s，最高洪水位 428.16m，超成灾水位（425.64m）2.52m，如图 5.3 所示。由图 5.3 可知，此次山洪洪水具有显著的陡涨陡落特性，尤其在 14:00~14:30 洪水位上涨了 2.33m，平均陡涨率达 4.7m/h，洪水突发性上涨造成中都镇多人伤亡。

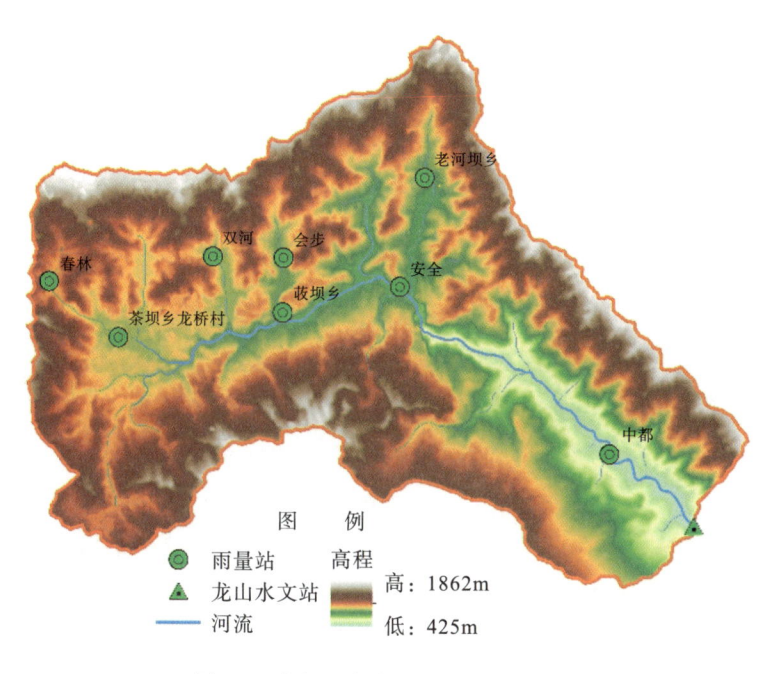

图 5.1 中都河流域水文要素监测站点

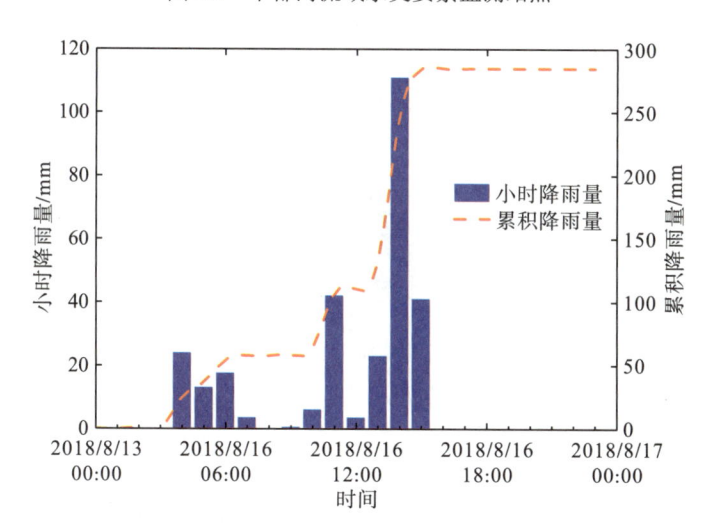

图 5.2 中都河"8·16"山洪洪水面雨量过程

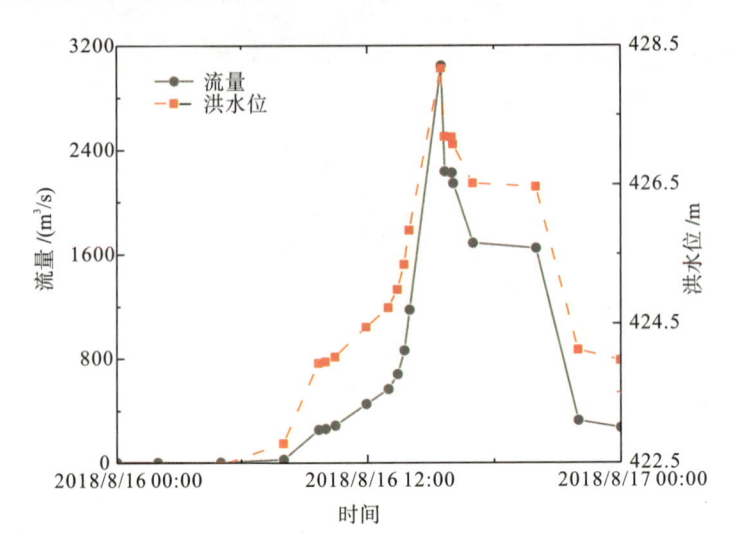

图 5.3 中都河"8·16"山洪洪水位-流量过程(龙山水文站)

针对中都河流域 2018 年"8·16"暴雨过程，结合中都河流域土壤的力学参数(表 5.1)，采用 TRIGRS 模型进行模拟与斜坡单元分析，估算得到中都河流域滑坡面积为 75 万 m^2，滑坡面积占流域总面积的 0.2%，滑坡体积为 419 万 m^3，每平方千米平均滑坡方量为 1.1 万 m^3。整体来讲，"8·16"暴雨山洪过程中都河流域滑坡中、高风险区极少(图 5.4)，即流域发生滑坡产沙可能性较小，与灾后现场调查的流域地貌及河床特征(图 5.5 和图 5.6)相吻合，表明可采用山洪洪水模拟方法对该场次暴雨山洪演进过程进行分析。

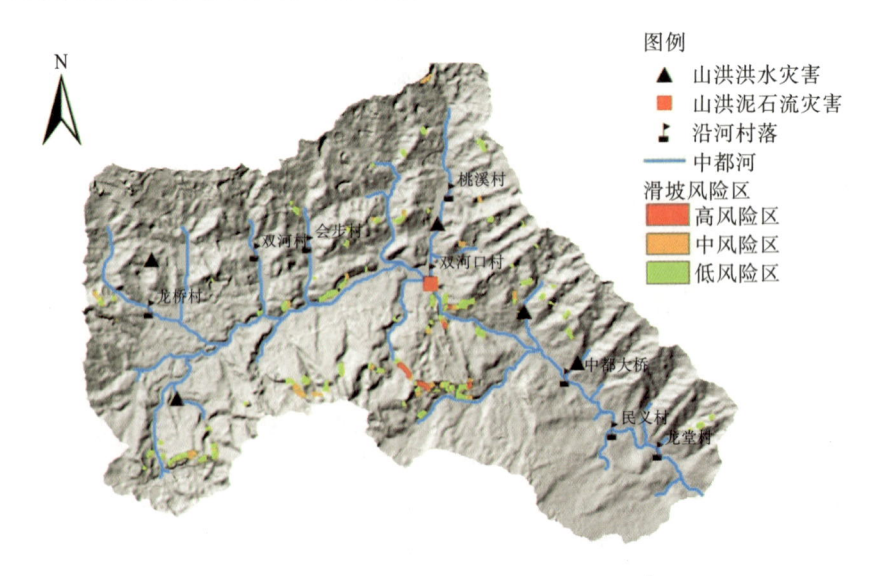

图 5.4 中都河流域"8·16"暴雨山洪滑坡产沙风险区

第5章 典型暴雨山洪演进模拟分析

图5.5 "8·16"暴雨山洪灾害中都河局部流域特征（灾后照片）

图5.6 "8·16"暴雨山洪灾害中都河大桥上游河段（灾后照片）

表 5.1　中都河流域土壤力学参数

参数名称	参数值
凋萎含水率 θ_r	0.078
饱和含水率 θ_s	0.43
参数 α	0.036
饱和导水率 K_s /(mm/s)	2.5×10^{-3}
背景渗透率 I_{ZLT} /(mm/s)	2.5×10^{-5}
水力渗透系数 D_0 /(m²/s)	2.5×10^{-5}
土壤黏聚力 c/kPa	22.9
土壤内摩擦角 φ /(°)	18.59
土壤容重 γ /(kN/m³)	15.10

5.1.2　中都河山洪洪水演进模拟分析

1. 数值模拟工况设计

基于中都河"8·16"暴雨山洪成灾河段高精度 DEM 数据及水文基础资料，采用第 4 章构建的山洪模拟模型，探究中都大桥上游 5km 至下游 10km 范围共 20 个计算监测断面 CS01～CS20（图 5.7）"8·16"山洪洪水演进特征，并进一步比较分析河床冲淤来沙条件下(不同可动层厚度)山洪水沙演进变化规律。结合降雨过程资料，采用第 3 章建立的模块化分布式流域水文模型推算计算河段的山洪来流过程，计算网格、上游来流及模拟工况见图 5.8、图 5.9 及表 5.2。

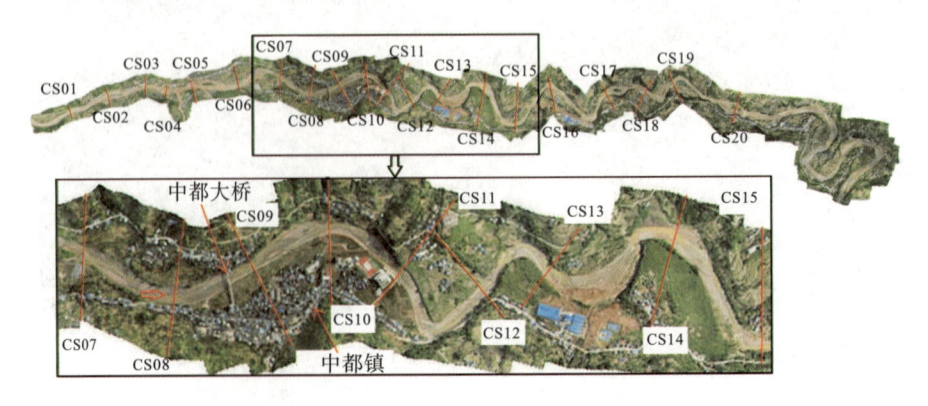

图 5.7　中都河"8·16"暴雨山洪过程模拟区域

第 5 章 典型暴雨山洪演进模拟分析

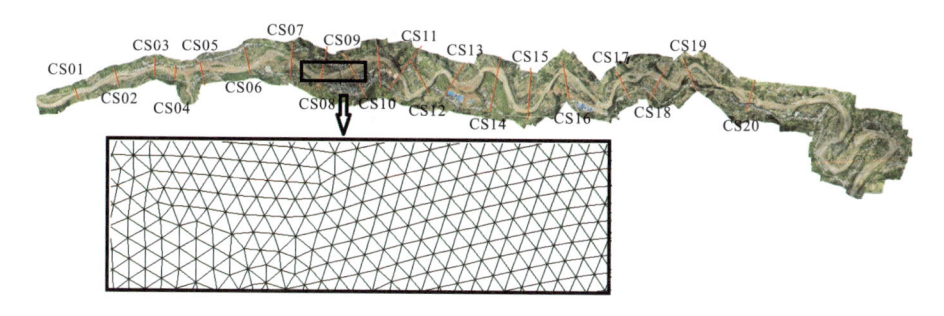

图 5.8 中都河"8·16"暴雨山洪过程模拟计算域网格特征

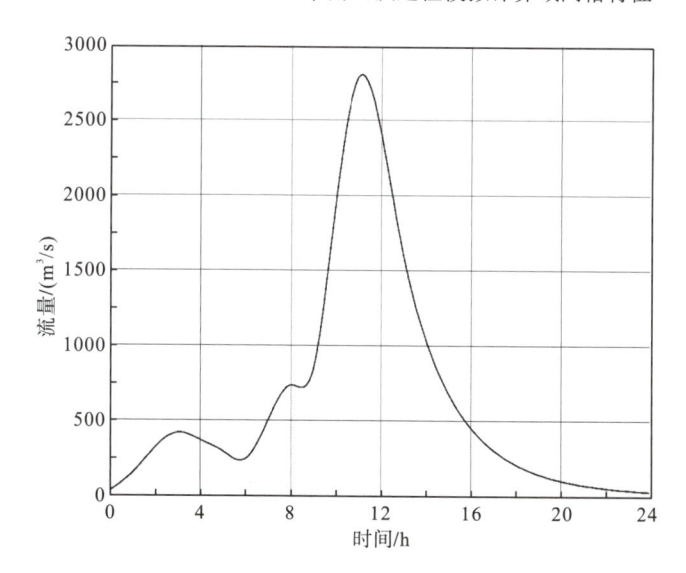

图 5.9 计算河段山洪洪水来流过程

表 5.2 中都河"8·16"暴雨山洪模拟工况

计算工况	类别	初始河床
Case-0m	山洪洪水	定床
Case-2m	山洪水沙	可动层厚度 2.0 m
Case-4m	山洪水沙	可动层厚度 4.0 m
Case-6m	山洪水沙	可动层厚度 6.0 m

2. 数值模拟验证分析

数值模拟计算域进口断面在 CS01，出口断面 CS20 临近龙山水文站。对"8·16"暴雨山洪监测断面(CS20)各工况下的计算流量过程与实测结果进行对比，各工况模拟结果与实测结果吻合较好(图 5.10)，纳什效率(NSE)系数和均方根误差(RMSE)统计列于表 5.3。

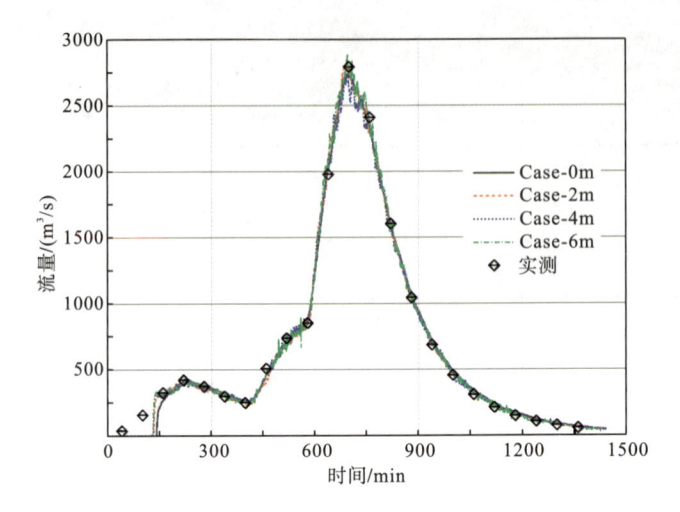

图 5.10　计算域出口断面 CS20 处流量过程对比

表 5.3　CS20 断面流量模拟值与实测值统计比较

参数	工况			
	Case-0m	Case-2m	Case-4m	Case-6m
NSE	0.996	0.995	0.993	0.996
RMSE/(m^3/s)	49.0	55.4	63.0	50.2

3. 山洪演进水动力特性

为便于对河床冲刷和淤积变化进行分析，定义河床淤积厚度为河床瞬时高程与初始高程差，淤积厚度为正代表淤积，淤积厚度为负代表冲刷。

图 5.11 为中都镇河段不同山洪过程在洪峰时刻第 12h（图 5.10，第 720 分钟）的流速和水深分布，其中云图表示水深，流速矢量为流场。山洪洪水模拟(Case-0m)的流场表明，主流位于凹岸侧，而山洪水沙模拟结果(Case-6m)显示主流线已远离凹岸侧，即动床冲淤及其输沙可能改变山洪主流位置，从而进一步影响山洪演进区域。

图 5.12 (Case-6m) 为中都河中都镇河段冲淤变化，表明泥沙淤积具有典型的弯道淤积形态，大量泥沙淤积在凹岸附近，两个较大的淤积带均位于中都镇对岸和中都镇下游，淤积带的存在改变了山洪演进路径，与图 5.11(b) 流速模拟一致。

图 5.13 为中都河中都镇下游山洪洪水流场分布，断面 CS13 至 CS14 之间具有显著的展宽缩窄特征，断面展宽段流速大幅下降。若考虑泥沙输移，大量泥沙落淤，如图 5.14 所示。泥沙淤积挤压行洪河道，部分区域流速增大，断面 CS15 至 CS16 之间也有类似现象。此外，断面 CS14 和 CS17 的缩窄河段具有较强的束水冲刷特性。

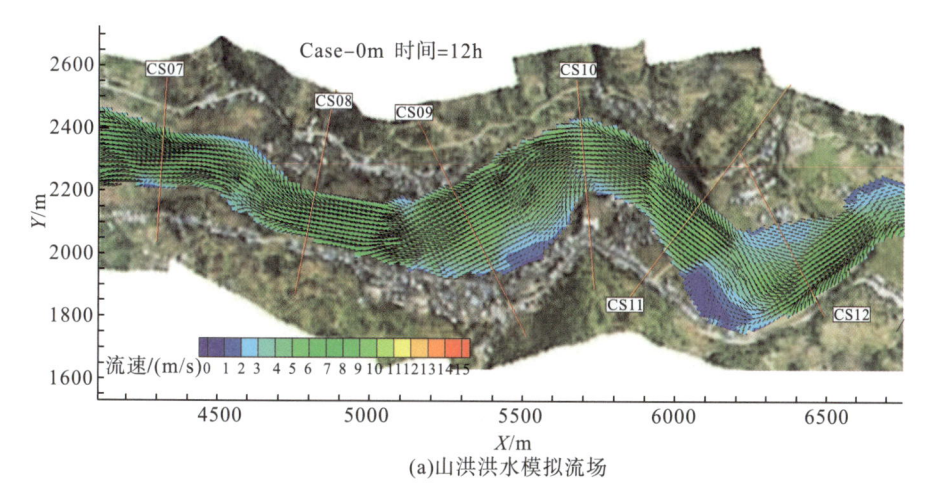

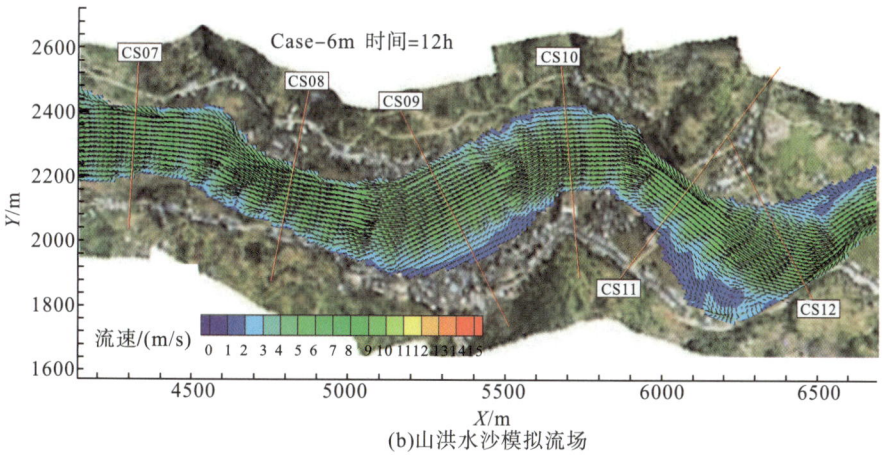

第5章 典型暴雨山洪演进模拟分析

(a)山洪洪水模拟流场

(b)山洪水沙模拟流场

图 5.11 中都河中都镇河段流场

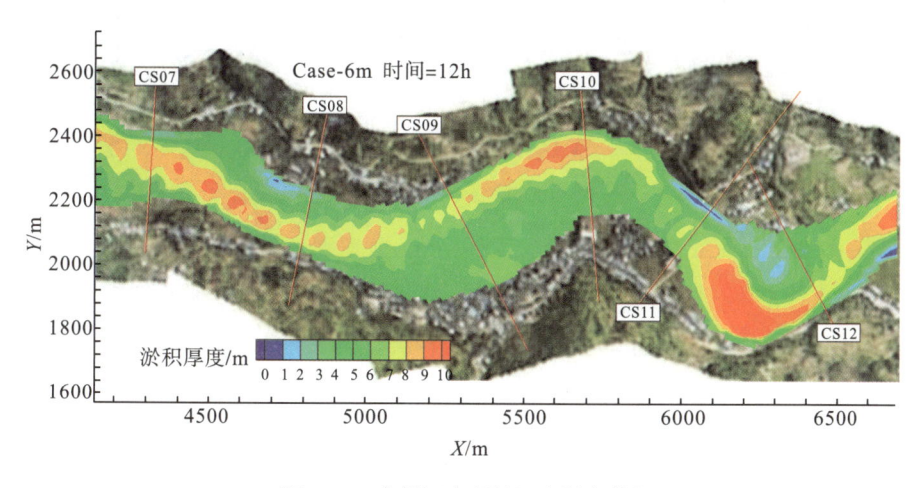

图 5.12 中都河中都镇河段淤积特征

(a)山洪洪水模拟流场

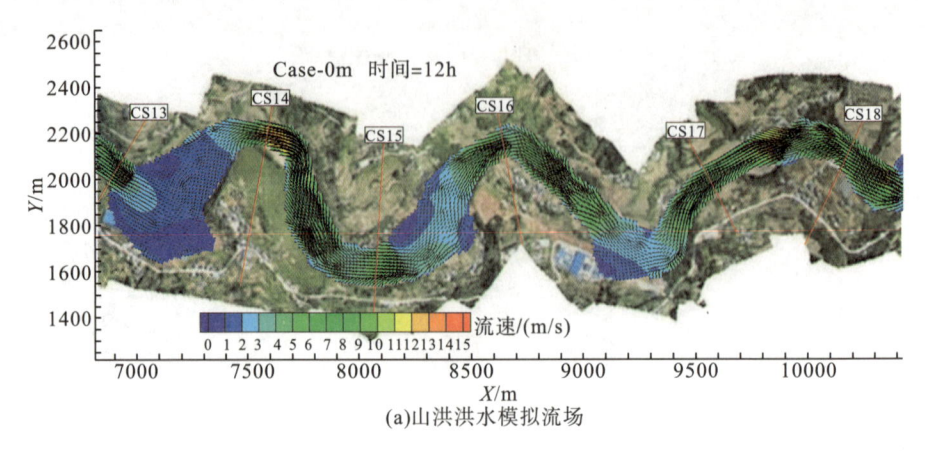

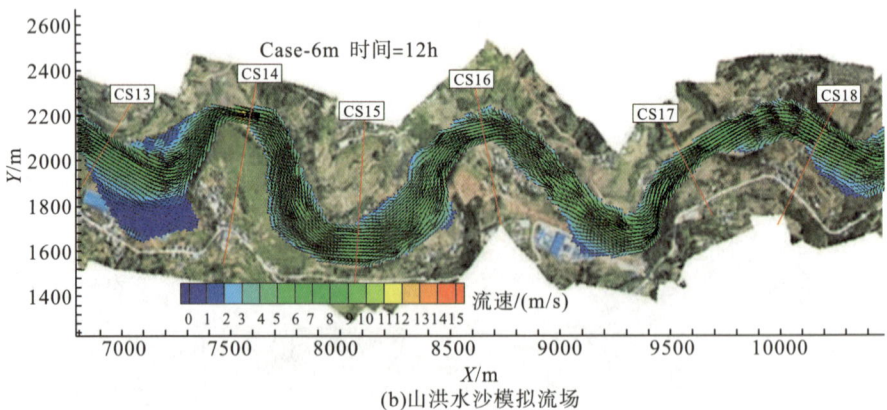

(b)山洪水沙模拟流场

图 5.13　中都河中都镇下游河段流场

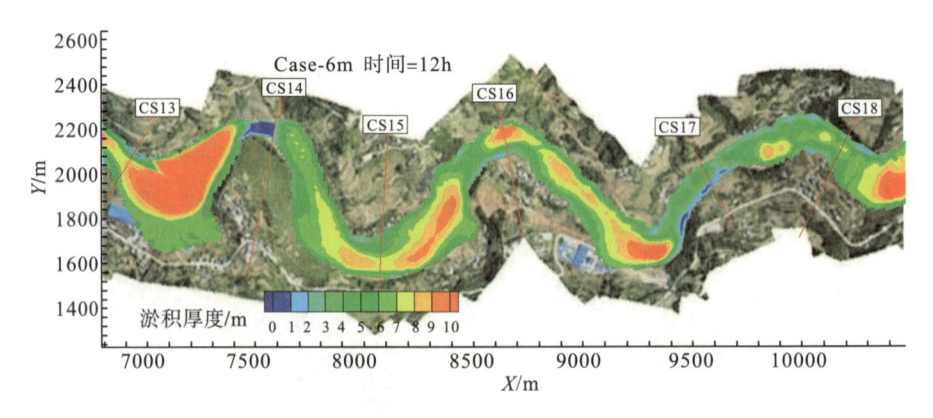

图 5.14　中都河中都镇下游河段淤积特征

4. 山洪水沙演进放大效应分析

暴雨山洪洪水过程具有陡涨陡落特性，山洪冲刷流速高，挟沙能力强，具有较强的造床作用，从而影响洪水演进水动力特征，常具有一定的洪水放大效应。为此，针对表 5.2 设计的工况，进一步分析山洪传播的放大效应。

图 5.15 为不同工况条件下各监测断面的山洪洪峰到达时间。山洪演进初期来流量较小，洪水波传播速度小，初始洪水经历了约 2h 到达断面 CS20 断面。在断面 CS01～CS14，山洪水沙工况比山洪洪水工况洪峰到达的时间约提前 2min，原因是挟沙山洪洪水传播速度更高，使洪水到达时间提前，说明山洪模拟时若不考虑输沙，预测的洪水到达时间可能偏晚。Case-6m 山洪水沙工况下，到达断面 CS20 的时间比山洪洪水工况提前约 10min，由此认为是否考虑输沙过程对山洪模拟及灾害预警具有较大的影响。

图 5.16(a)为计算工况下各断面的峰值水位，图 5.16(b)为相对峰值水位，指相同断面山洪水沙条件相对于山洪洪水条件的水位差。在本书中都河计算的 14km 河段，水位下降约 130m。在图 5.7 的 20 个监测断面内，输沙条件影响峰值水位变化可分为两类：抬高区和降落区。对于抬高区，比如 CS05～CS13，山洪水沙条件下峰值水位被抬高 2m 左右；而在降落区，比如 CS14 和 CS17，峰值水位降低 2m 左右。由此表明，河床冲淤影响作用下山洪水沙演进的峰值水位被抬高或降低是山洪灾害防治亟须重视的问题。

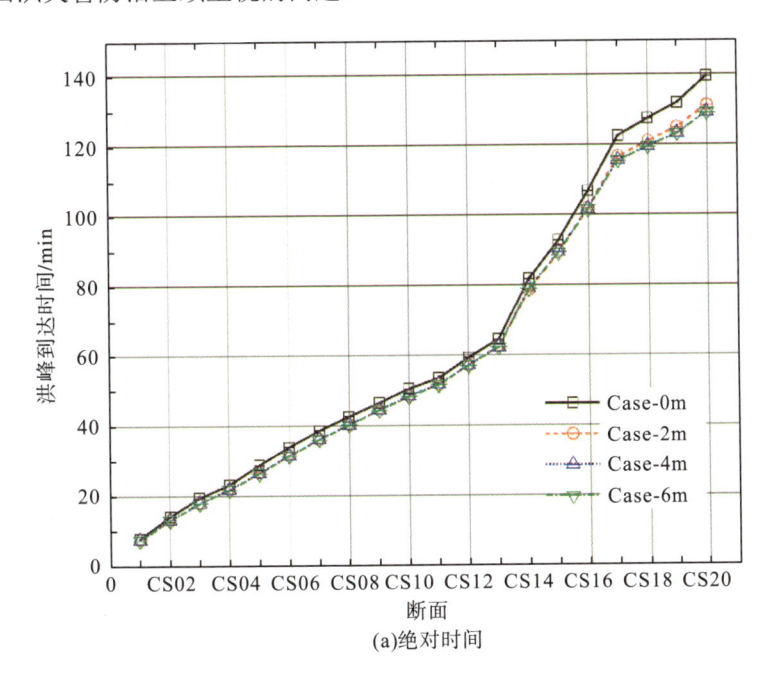

(a)绝对时间

(b)相对时间

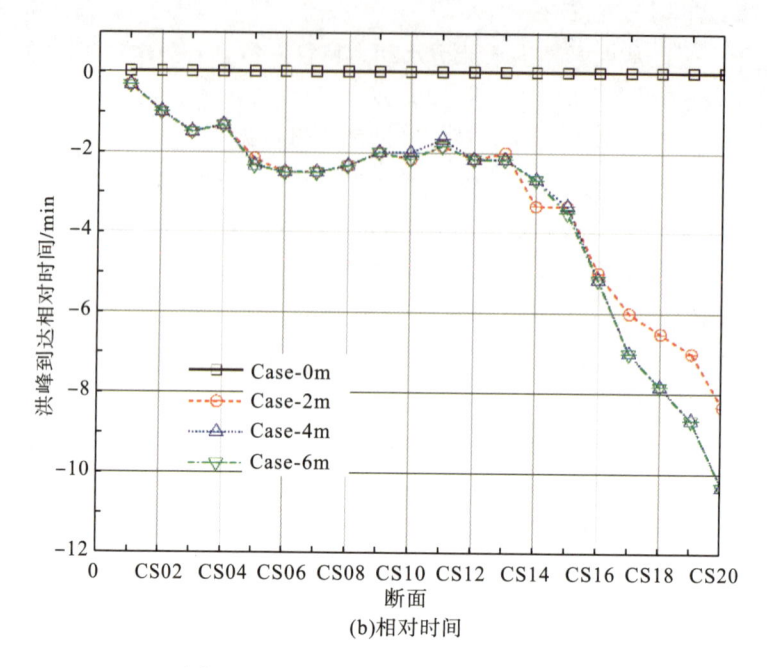

图 5.15 山洪演进洪峰到达各断面时间

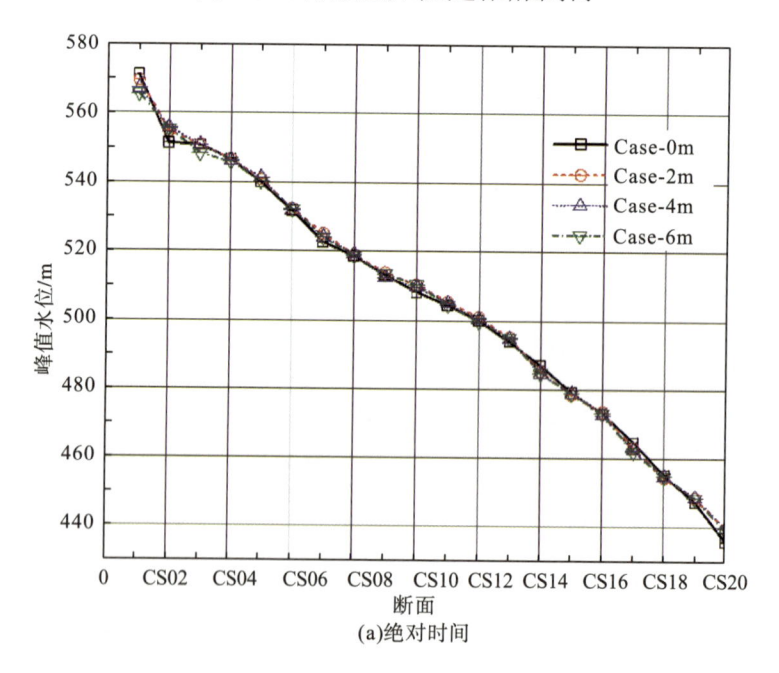

(a)绝对时间

(b)相对时间

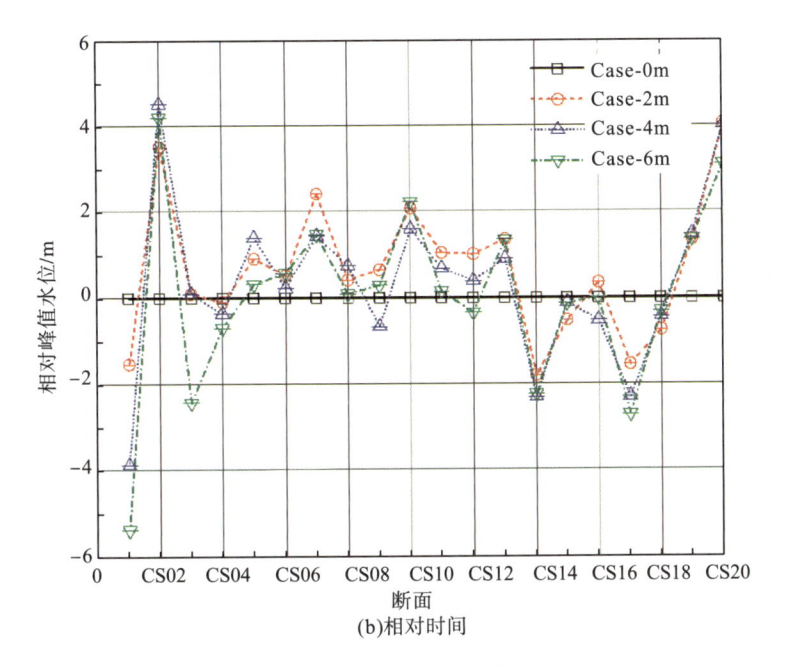

图 5.16　断面洪峰水位变化

图 5.17 为不同山洪演进过程中各断面峰值流量对比图。在断面 CS01～CS05，由于泥沙大量进入水体，水体体积膨胀，峰值流量沿程增大。在某些断面（如 CS06～CS14）受河流形态影响，例如河道展宽流速变小，峰值流量有所减小。山

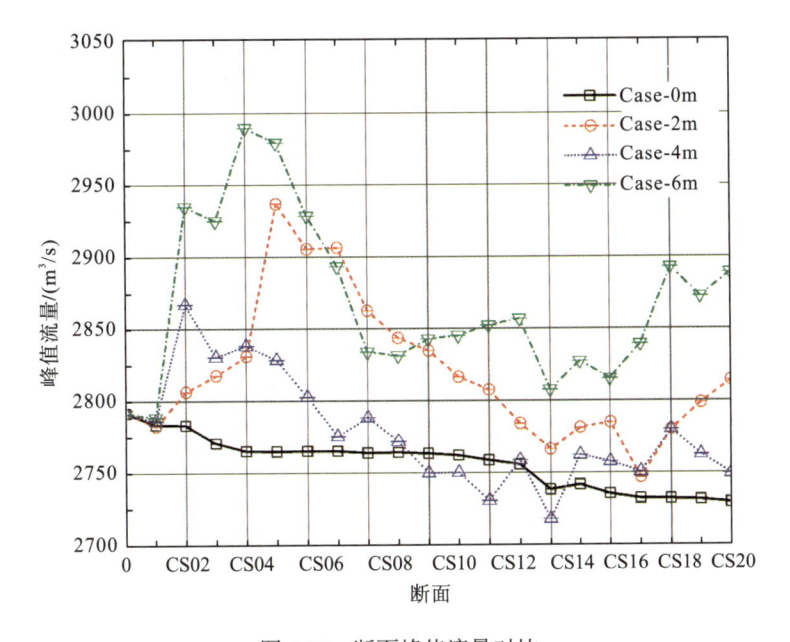

图 5.17　断面峰值流量对比

洪水沙演进与山洪洪水运动相比，峰值流量仍然较大。此外，在断面 CS16～CS20 处，由于过流断面收窄，流速加大，水体挟沙能力增强，故峰值流量再次放大。总体来讲，山洪水沙输移对山洪峰值流量具有较大的影响，若强输沙山洪模拟未充分考虑泥沙运动将会给山洪灾害防治带来不利影响。

5.2 四川汶川三江镇寿溪河"8·20"山洪水沙模拟

5.2.1 寿溪河"8·20"山洪水沙灾害

三江镇位于四川省阿坝藏族羌族自治州汶川县，地处四川盆地边缘深山峡谷区，地势西北南二面高、东面低，海拔 888～4941m。汶川县境内西河、中河与黑石河 3 条河流交汇东流出境形成寿江，流域总面积约 596km^2，为川西部降雨充沛地区，年平均降水量 1143.5mm。三江镇地处北川-映秀断裂带，地质构造复杂，地震活动较为频繁，"5·12"汶川特大地震后，山体崩塌、滑坡等次生地质灾害为山洪形成提供了丰富的松散固体物源，暴雨驱动下极易引发山洪水沙灾害。2019 年 8 月 20 日，汶川县境内普降暴雨到大暴雨，郭家坝雨量站累积降雨量达 149.5mm，最大 1h 降雨量 43.5mm（图 5.18）。灾后实地考察表明，三江镇西河及中河上游地区暴雨产输沙严重，山洪挟带大量泥沙在河流交汇区淤堵，2019 年"8·20"山洪灾害给三江镇造成了严重的人员伤亡和财产损失。

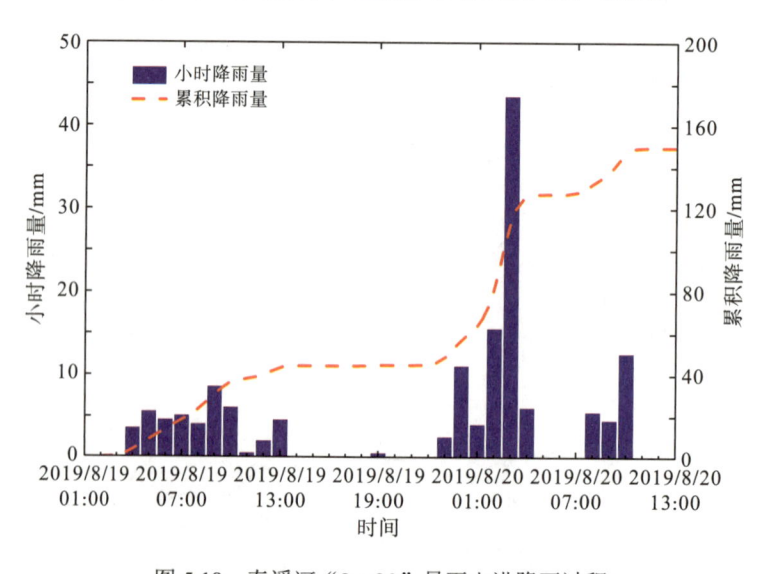

图 5.18 寿溪河"8·20"暴雨山洪降雨过程

根据寿溪河流域 2019 年"8·20"暴雨过程,依据流域土壤力学参数(表 5.4),采用 TRIGRS 模型估算得到该流域滑坡方量约为 1.77 亿 m³,滑坡面积 3096 万 m²,占流域总面积 5.7%,平均每平方千米的潜在滑坡量约为 32.7 万 m³,滑坡产沙风险区如图 5.19 所示。

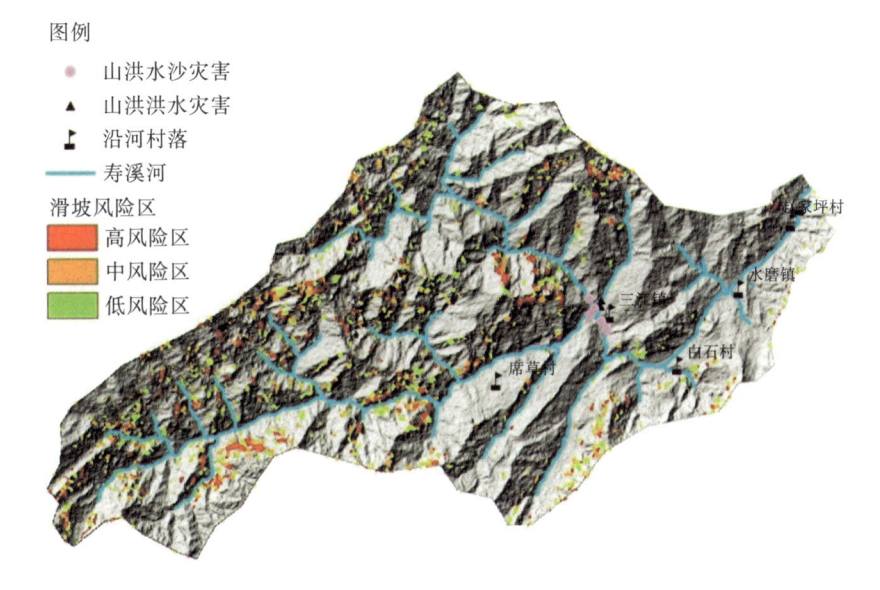

图 5.19　寿溪河流域"8·20"暴雨山洪滑坡产沙风险区

表 5.4　寿溪河流域土壤力学参数

参数名称	参数值
凋萎含水率 θ_r	0.057
饱和含水率 θ_s	0.41
参数 α	0.124
饱和导水率 K_s /(mm/s)	3.47×10^{-3}
背景渗透率 I_{ZLT} /(mm/s)	3.47×10^{-5}
水力渗透系数 D_0 /(m²/s)	3.47×10^{-5}
土壤黏聚力 c /(kPa)	15.0
土壤内摩擦角 φ /(°)	25.7
土壤容重 γ /(kN/m³)	19.0

5.2.2 寿溪河复杂河段山洪洪水演进模拟分析

1. 寿溪河三江镇复杂河段特征

三江镇位于三条山区河流(支流 A——西河、支流 B——中河、支流 C——黑石河)的交汇处,其中支流 B 和支流 C 交汇于三江镇的上游部分,而后与支流 A 相交,两处交汇点相距仅 100m 左右。在交汇点下游约 100m 处为一分汊,河流分为支流 D(干流寿溪河)和支流 E(寿溪河支汊),两支流分别位于滩地的左侧和右侧,两支流长度约 1km,最后汇合于寿溪河进入下游三江水库。断面 CS11 附近存在水闸,根据防洪和三江镇用水需求控制支流 D 和支流 E 的分水量。支流 A、支流 B 和支流 C 的上游河流具有明显的弯曲,此外,三江镇跨河桥梁众多。由此可见,寿溪河三江镇河段包括弯曲段、干支交汇段、河流洲滩分汊汇合段,以及水库及桥梁等人工建筑物(图 5.20),受河流形态与强人类活动(修筑堤防、桥梁等)影响,该区域的山洪演进十分复杂。

本书收集了研究范围内 5m 精度的 DEM 数据,根据寿溪河流域"8·20"降雨资料,采用第 3 章建立的水文模型推算了三江镇复杂河段支流 A、支流 B 和支流 C 的山洪洪水来流过程,山洪演进持续 120h(2019 年 8 月 20 日至 24 日),共有四个洪峰(峰值Ⅰ、峰值Ⅱ、峰值Ⅲ和峰值Ⅳ),如图 5.21 所示。

图 5.20　寿溪河三江镇复杂河段(无人机照片)

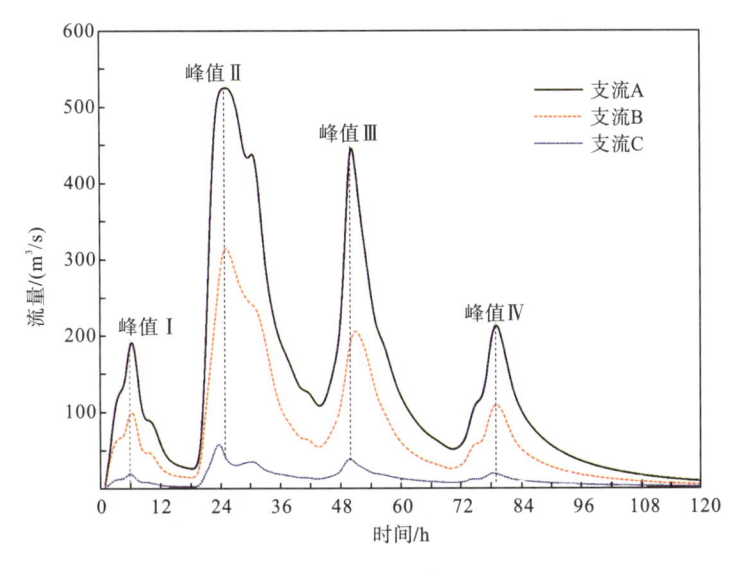

图 5.21 寿溪河三江镇河段三支流山洪洪水来流过程

2. 寿溪河三江镇复杂河段山洪洪水计算

采用第 4 章建立的山洪洪水模型进行模拟,模拟区域为三江镇的大部分区域,网格数量约 11 万。为了对山洪洪峰过程进行准确模拟,同时降低计算量,模拟中采用四边形非结构非均匀网格。河道主河槽区域网格尺度为 2.0m,距离河槽较远的区域网格尺度为 5.0m(图 5.22)。支流 A、支流 B 和支流 C 上游为入流边界,来流过程依据图 5.21 设置,出口边界位于三江水库大坝附近,设置为恒定水位出流边界,水位为 1010m。研究区域床面糙率取值 0.025,床面高程依据 DEM 数据插值。为探究复杂条件影响下的山洪洪水参数变化规律,设置 CS01~CS18 共 18 个监测断面(图 5.20)。

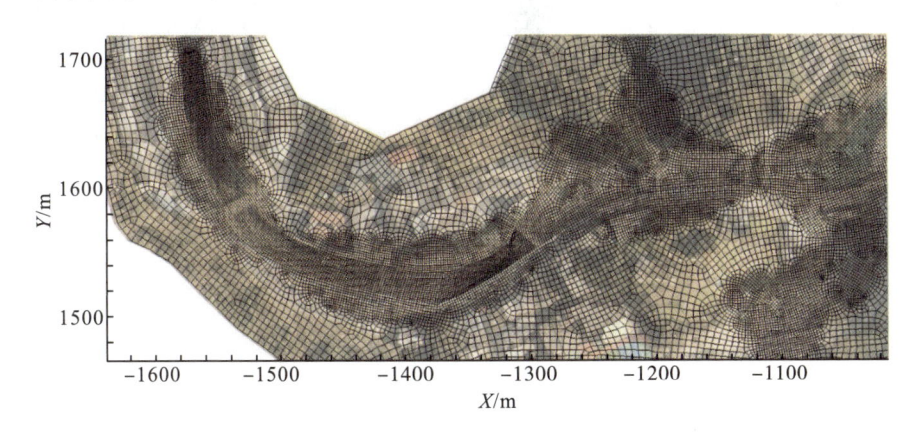

图 5.22 部分计算区域网格

3. 寿溪河三江镇复杂河段山洪洪水演进分析

1) 弯曲河段山洪洪水演进分析

为方便分析山洪洪水沿复杂河段的变化过程，采用单宽流量(q，m^2/s)进行分析。图 5.23 为支流 A 的西河 S 形弯道在四个洪峰过程中的单宽流量分布图，该弯曲段位于三江镇内，两侧河岸已被混凝土河堤加固。当洪峰流量较大时(洪峰过程Ⅱ和Ⅲ)，弯曲段漫滩洪水淹没两岸房屋。各洪峰过程弯曲段内水流主流趋势基本相同，与河岸可冲刷时洪水沿凸岸和凹岸摆动明显不同。

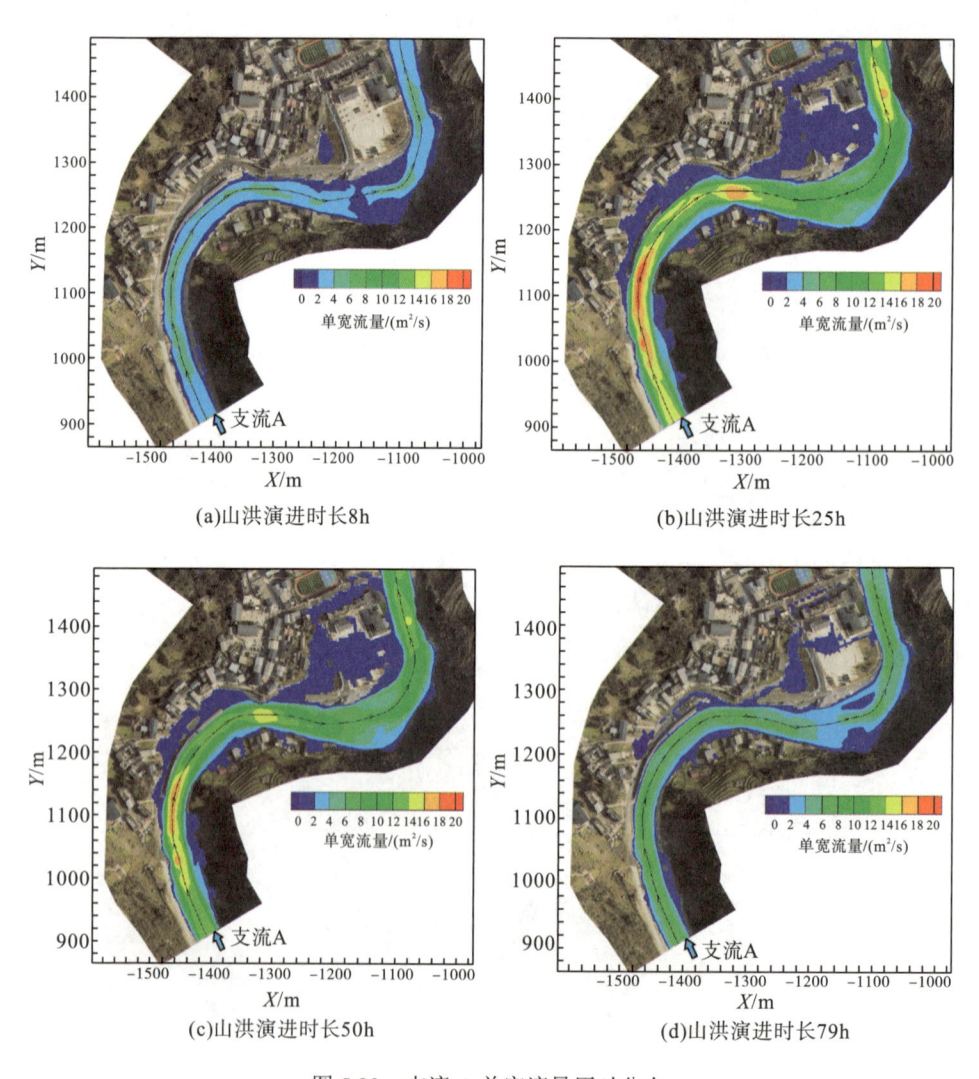

(a)山洪演进时长8h

(b)山洪演进时长25h

(c)山洪演进时长50h

(d)山洪演进时长79h

图 5.23　支流 A 单宽流量历时分布

2) 交汇分汊流段山洪洪水放大效应

图 5.24 为四个洪峰过程中各断面峰值流量，支流 A 在 CS01 和 CS02 断面的峰值流量基本一致，CS03 断面处流量峰值有所增大。支流 B 在 CS04 和 CS05 断面的峰值流量也基本相同，但洪峰过程Ⅱ时峰值流量有所减小，洪峰过程Ⅲ时，峰值流量有所增加，不同洪峰过程对相同断面可能产生峰值放大或减小效应。对于支流 C，四个洪峰过程的 CS07~CS09 断面峰值流量基本不变。洪水放大效应在三条支流中的表现模式完全不同，究其原因，可能与河流交汇相互顶托作用有关。支流 D 在洪水过程Ⅱ和洪水过程Ⅲ的峰值流量沿程快速下降，估计主要受下游水库回水影响。对于支流 E，峰值流量先上升后下降最后又上升，其原因相对更为复杂，支流汇入流量增加，分汊后流量又快速减小，至水库库尾时支流 D 再次汇入，使峰值流量再次增加。

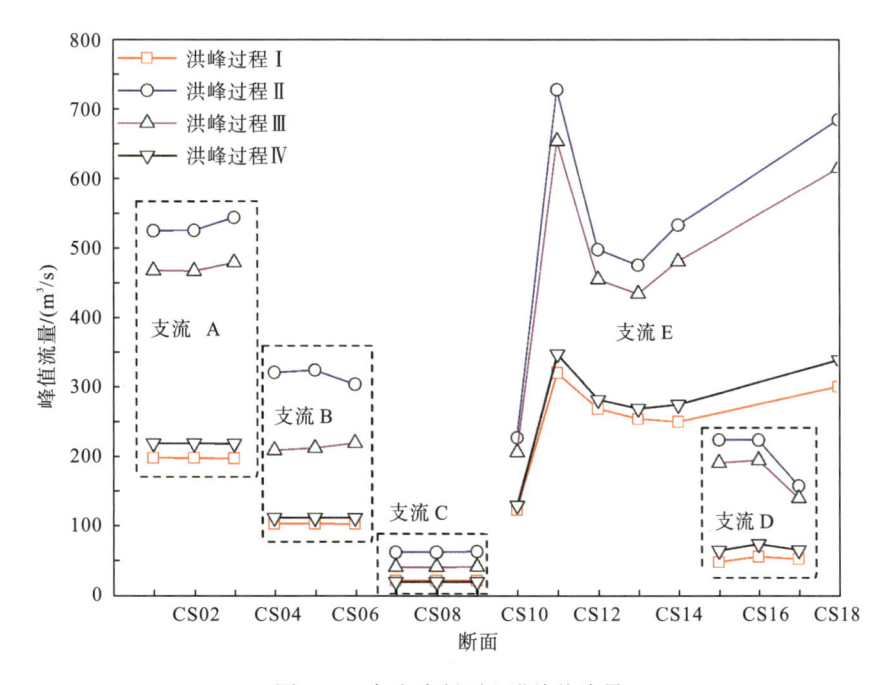

图 5.24 各支流断面山洪峰值流量

图 5.25(a) 为各断面峰值水位，支流 A、支流 B 和支流 C 水位沿程各下降了约 12m、10m 和 15m，而河道长度分别为 1000m、600m 和 400m，其水力坡降分别为 1.2%、1.7% 和 3.7%，水面坡降较陡；支流 D 和支流 E 峰值水位沿程下降较为平缓，水力坡度分别为 0.6% 和 0.4%。图 5.25(b) 为相对峰值水位，其值是各洪峰过程中峰值水位与相同断面处洪峰过程Ⅰ的峰值水位差，各断面洪峰过程Ⅰ中的相对峰值水位为零。支流 A 后三次洪峰过程峰值水位均有所上升，但在 CS02

处峰值水位明显小于 CS01 和 CS03，其原因是 CS02 处洪峰流量较大，发生了漫滩洪水，降低了相对峰值水位。支流 B 相对峰值水位沿程降低，支流 C 相对峰值水位沿程增加。由图 5.25(a)可知，CS06 水位高于 CS09 水位约 5m，汇口处支流 B 和支流 C 的水位应保持相同，因而支流 B 在汇口附近应为降水过程，支流 C 为壅水过程，降水增大了沿程峰值水位，壅水减小了峰值水位；受下游水库顶托影响，支流 D 相对峰值水位沿程下降；支流 E 相对峰值水位先升后降，其变化规律与图 5.24 峰值流量变化规律基本一致，总体来讲，河流汇合与分汊对相对峰值水位影响显著。

图 5.26 为山洪洪水过程支流 A、支流 B 和支流 C 的流量比，其值为各支流流量与同时刻三支流的总流量之比。任意时刻，三支流的流量比之和恒为 1，其中支流 A 的流量占比约为 0.6，支流 B 流量比约为 0.3，支流 C 的流量比约为 0.1。图 5.27 为交汇区单宽流量分布图，表明支流 A、支流 B 和支流 C 单宽流量变化较大，但各洪峰过程中流量比基本相同，交汇处主流位置基本稳定。当山洪洪水进入分汊段时，单宽流量比发生较大变化，洪峰流量较小的洪峰过程 Ⅰ 和洪峰过程Ⅳ[图 5.27(a)和图 5.27(d)]，大部分洪水朝支流 E 演进；而洪峰流量较大时[图 5.27(b)和图 5.27(c)]，支流 D 的流量显著增加。图 5.28 为支流 D 和支流 E 的流量比，其值为支流 D 或支流 E 的流量与其流量和的比值。模拟结果表明，四个洪峰过程山洪主流均在支流 D，峰值时刻约 20%的流量经支流 E 进入水库，两支汊流量比的变化受 CS11 断面水闸影响突出。

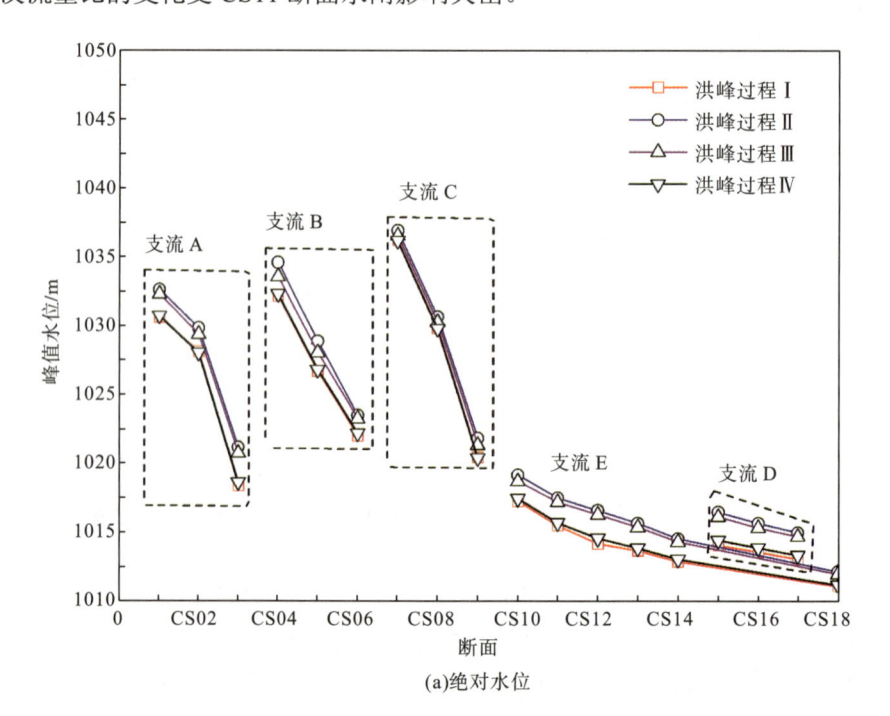

(a)绝对水位

第 5 章　典型暴雨山洪演进模拟分析

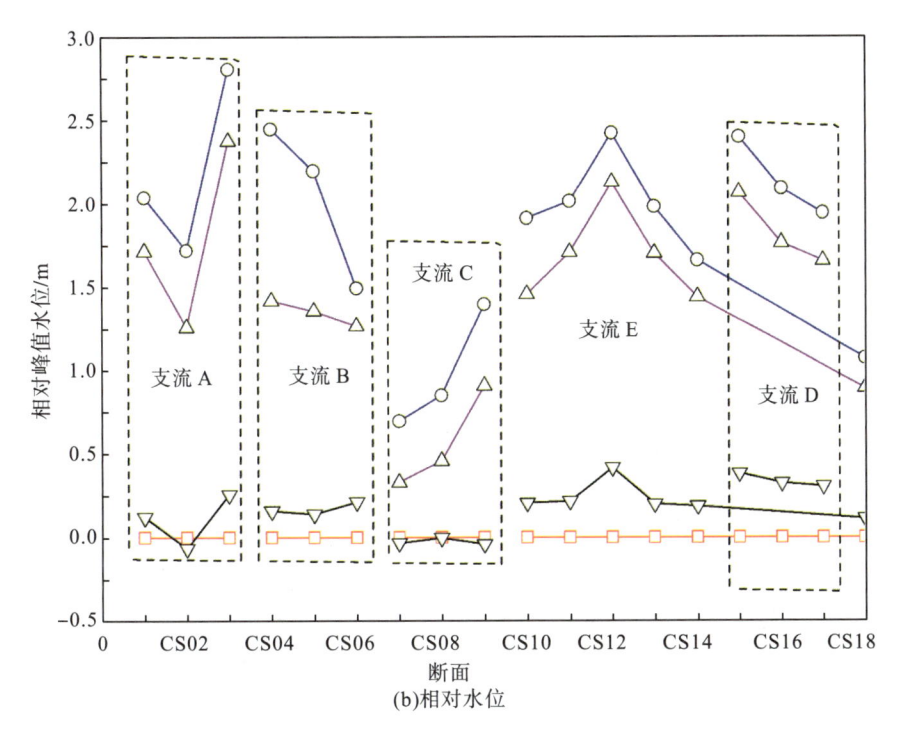

(b) 相对水位

图 5.25　不同支流断面山洪峰值水位

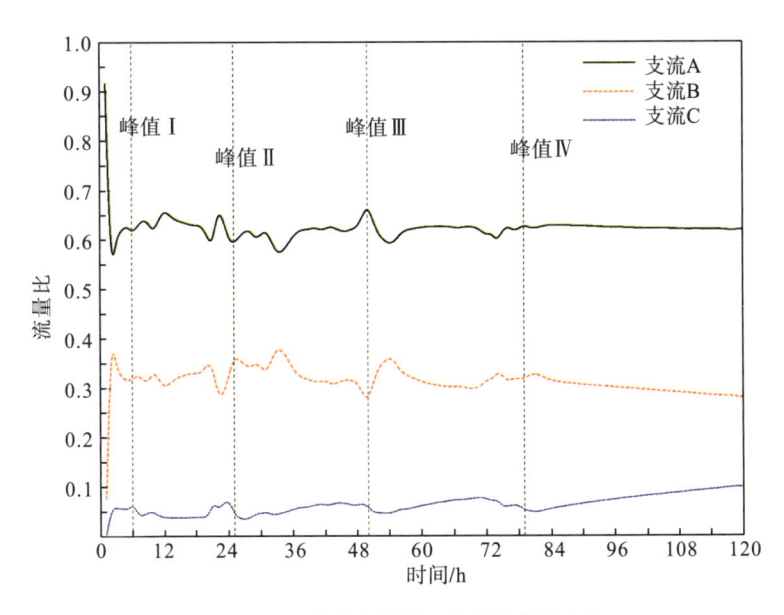

图 5.26　山洪洪水过程三支流流量比变化

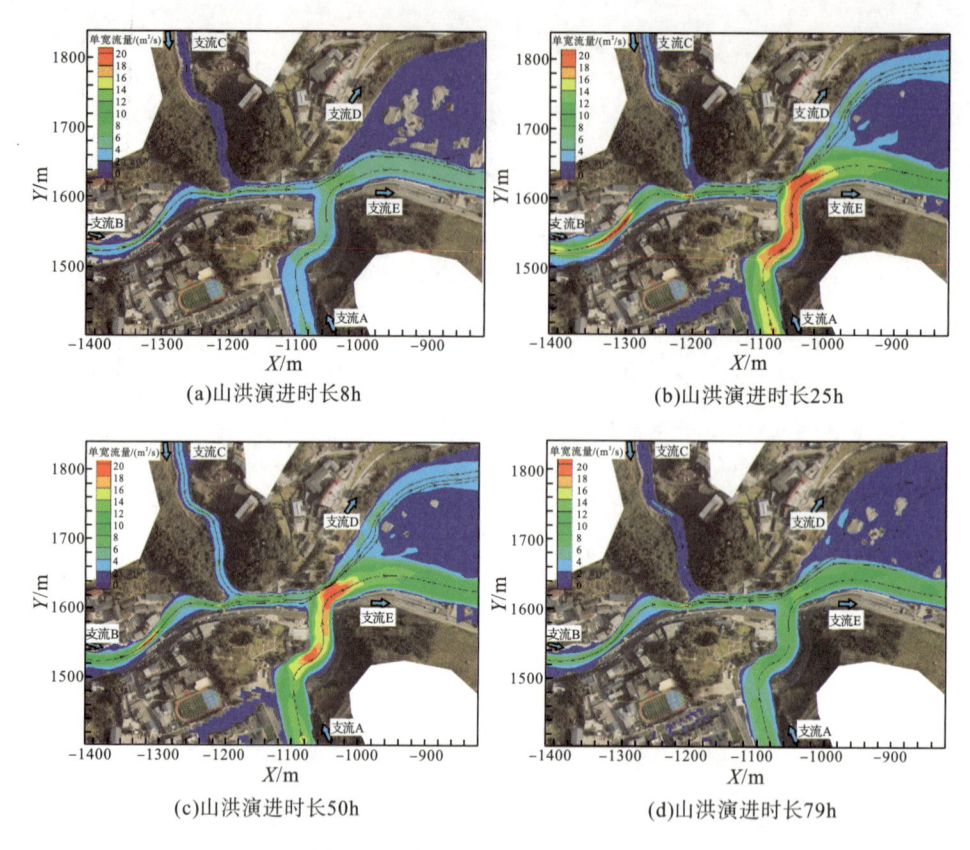

图 5.27　交汇区单宽流量历时分布

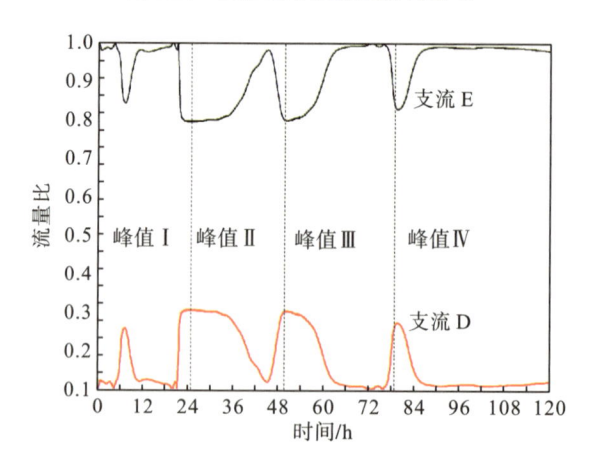

图 5.28　分汊支流流量比变化

3) 心滩流段山洪洪水演进特性

图 5.29 为峰值时段心滩过流单宽流量分布，支流 D 流量比约为 0.2，支流 E 流量比约为 0.8，两条支流均向下游水库下泄洪水。图 5.30 为峰谷时段心滩过流单宽流量分布，由图可知，在峰谷时段支流 D 内流速较小，部分时段水流近乎静止[图 5.30(c)和图 5.30(d)]，甚至出现回流[图 5.30(a)和图 5.30(b)]。图 5.31 为心滩位置水位变化过程，洪峰时段支流 D(CS17)的水位略高于支流 E(CS14)，在峰谷时段支流 D 的水位略低于支流 E，其他时段两支流水位基本齐平。

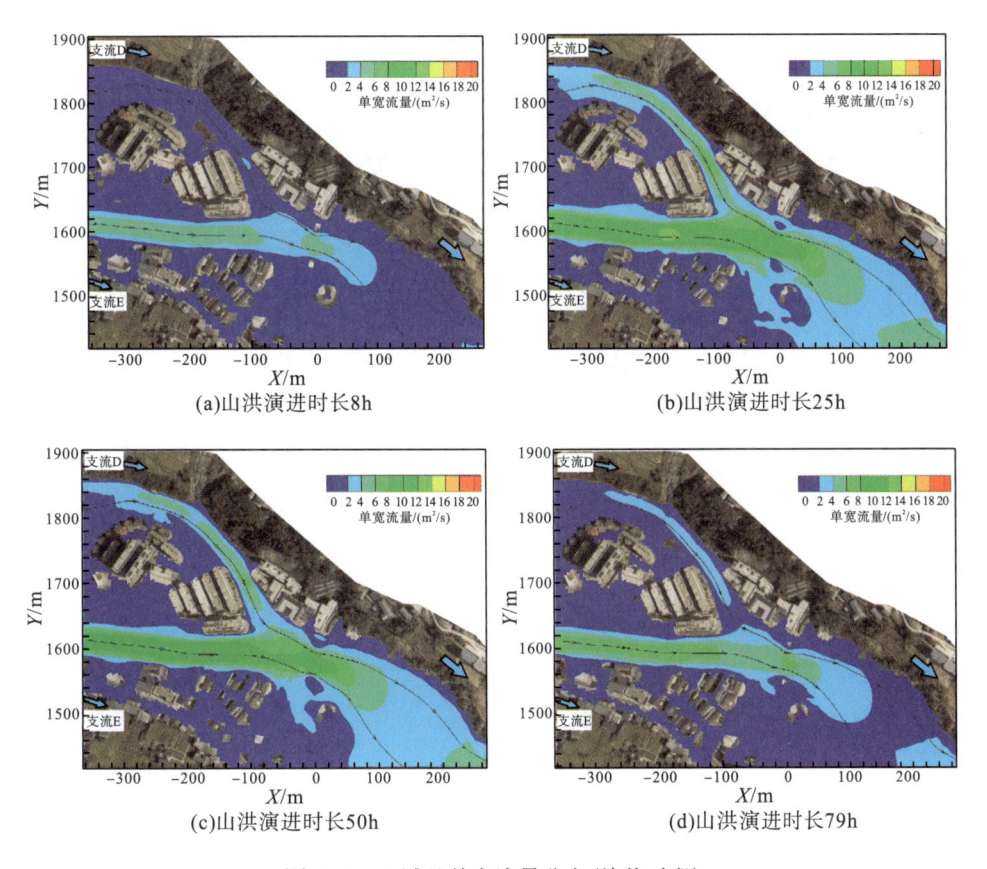

(a)山洪演进时长8h

(b)山洪演进时长25h

(c)山洪演进时长50h

(d)山洪演进时长79h

图 5.29 心滩处单宽流量分布(峰值时段)

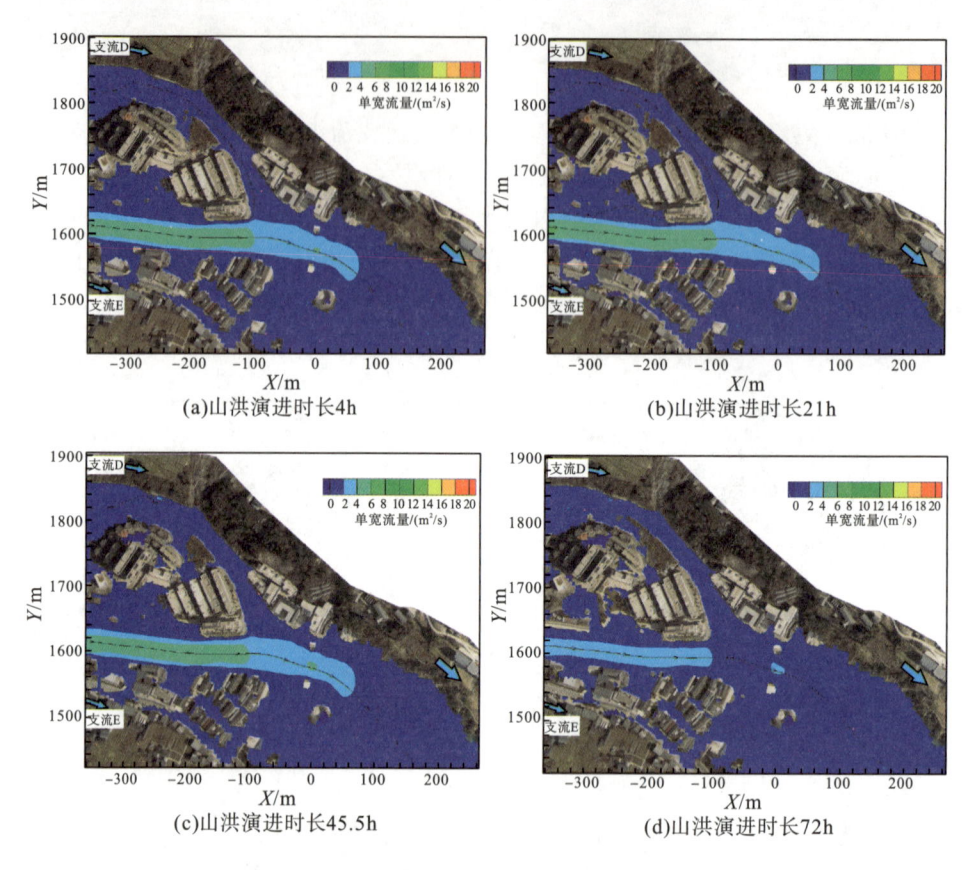

图 5.30 心滩处单宽流量分布(峰谷时段)

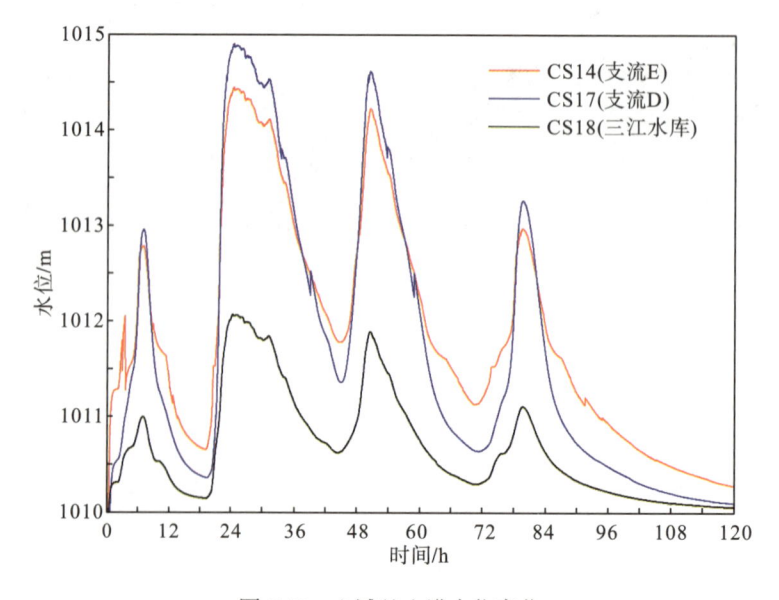

(a)山洪演进时长4h
(b)山洪演进时长21h
(c)山洪演进时长45.5h
(d)山洪演进时长72h

图 5.31 心滩处山洪水位变化

5.2.3 寿溪河复杂河段山洪水沙演进模拟分析

以图 5.21 所示山洪洪水来流过程为基础，考虑干支流输沙影响，各支流进口按饱和输沙计算，对寿溪河复杂河段进行山洪水沙演进模拟。

图 5.32 为山洪水沙演进过程中各峰值时段的单宽流量分布图，结果表明：在洪峰Ⅰ(8h)时，支流 E 处单宽流量远大于支流 D，主流仍位于支流 E；而在洪峰Ⅱ时(25h)，支流 D 处单宽流量大幅增加，但主流仍位于支流 E；至洪峰Ⅲ时(50h)，支流 D 处单宽流量已略大于支流 E，主流已偏转至支流 D；而洪峰Ⅳ时(79h)，支流 D 处单宽流量已明显大于支流 E，主流已完全偏转至支流 D。图 5.33 为支流 D 和支流 E 的流量比，可以看出四个洪峰过程中洪水主流在支流 D 和支流 E 间的转化过程，与图 5.28 中未考虑输沙影响相比，输沙模拟时山洪主流存在摆动过程。

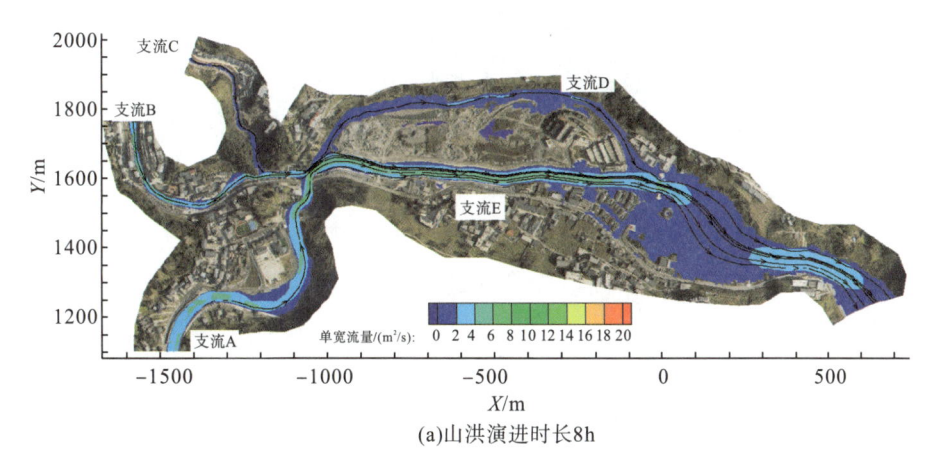

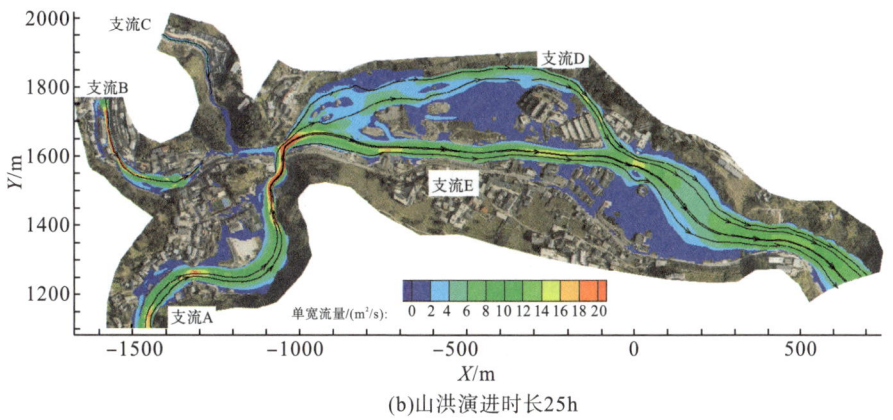

(a)山洪演进时长8h

(b)山洪演进时长25h

(c)山洪演进时长50h

(d)山洪演进时长79h

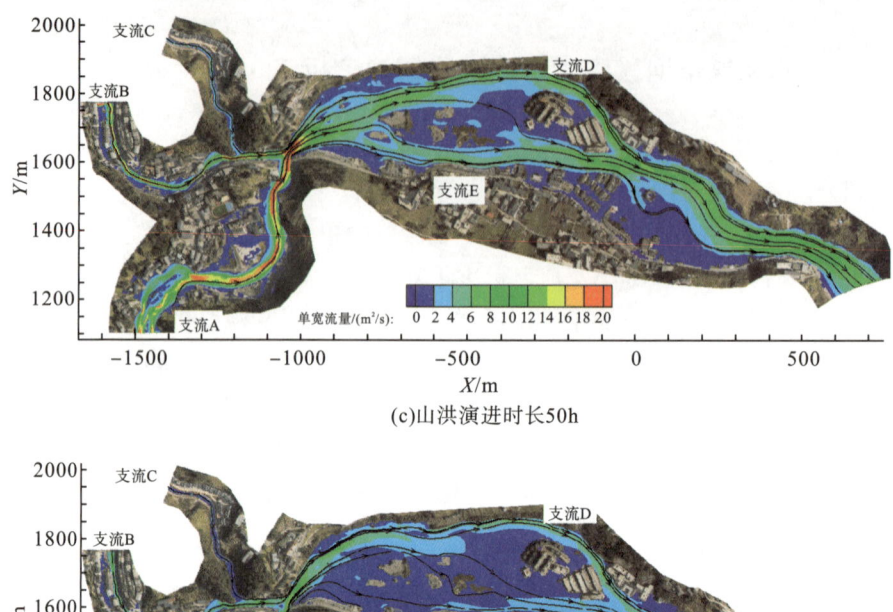

图5.32 寿溪河三江镇河段单宽流量分布(峰值时段)

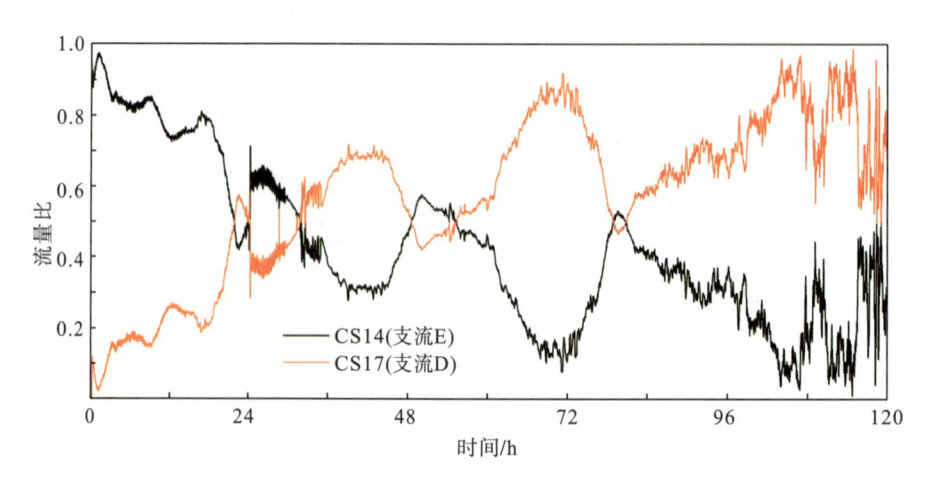

图5.33 寿溪河支流D(CS17)和支流E(CS14)流量比

图 5.34 为各洪峰时段的淤积深度分布图,即在洪峰时段Ⅰ,支流 D 和支流 E 上游段快速淤积,且支流 E 淤积速度快于支流 D,至洪峰过程Ⅱ~Ⅳ时,支流 E 与支流 D 的淤积深度差异不断增大。图 5.35 表明,在洪峰时段Ⅰ,泥沙淤积并未达到断面 CS14 和 CS17,且支流 D 的初始河床高程高于支流 E;而洪峰时段Ⅱ时,支流 E 开始快速淤积,至 25h 时支流 E 河床高程已高于支流 D 河床高程,两支流淤积过程差异明显,河床相对高程的变化引起两支流流量比的转化(图 5.33)。

图 5.36 为山洪洪水模拟和山洪水沙模拟条件下山洪淹没范围随时间的变化,结果表明,在洪峰过程Ⅰ时,不考虑输沙过程和考虑输沙过程时洪水淹没范围差异较小;但从洪峰过程Ⅱ开始,考虑输沙的淹没范围明显大于不考虑输沙。在洪峰过程Ⅰ中,支流 D 和支流 E 河床不断淤积,在泥沙淤积影响下,至洪峰过程Ⅱ时山洪水位已高于两侧防洪堤,山洪淹没范围扩大,即山洪输沙对淹没面积有重要影响。

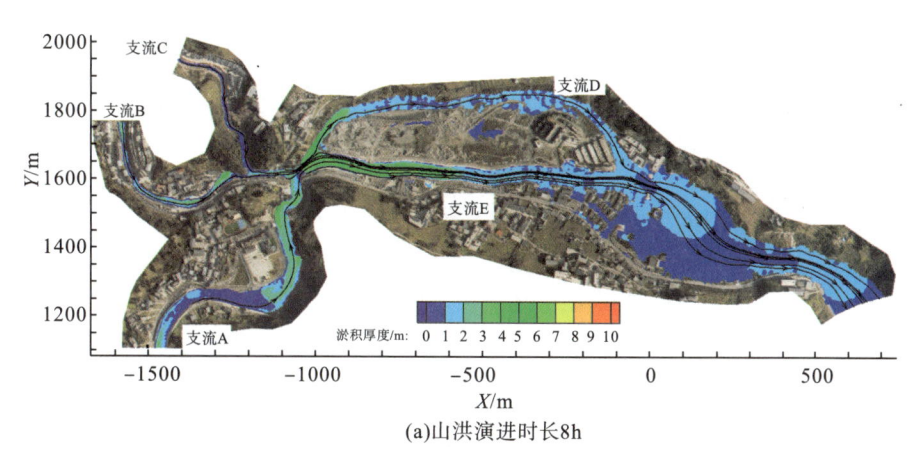

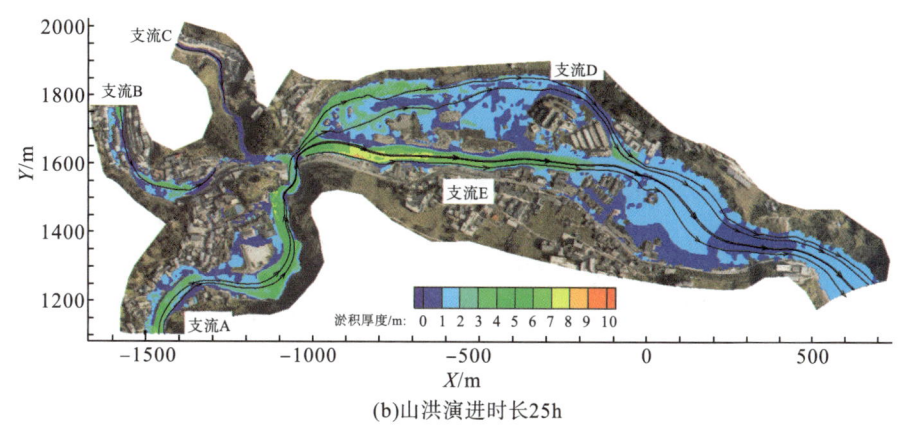

(a)山洪演进时长8h

(b)山洪演进时长25h

(c)山洪演进时长50h

(d)山洪演进时长79h

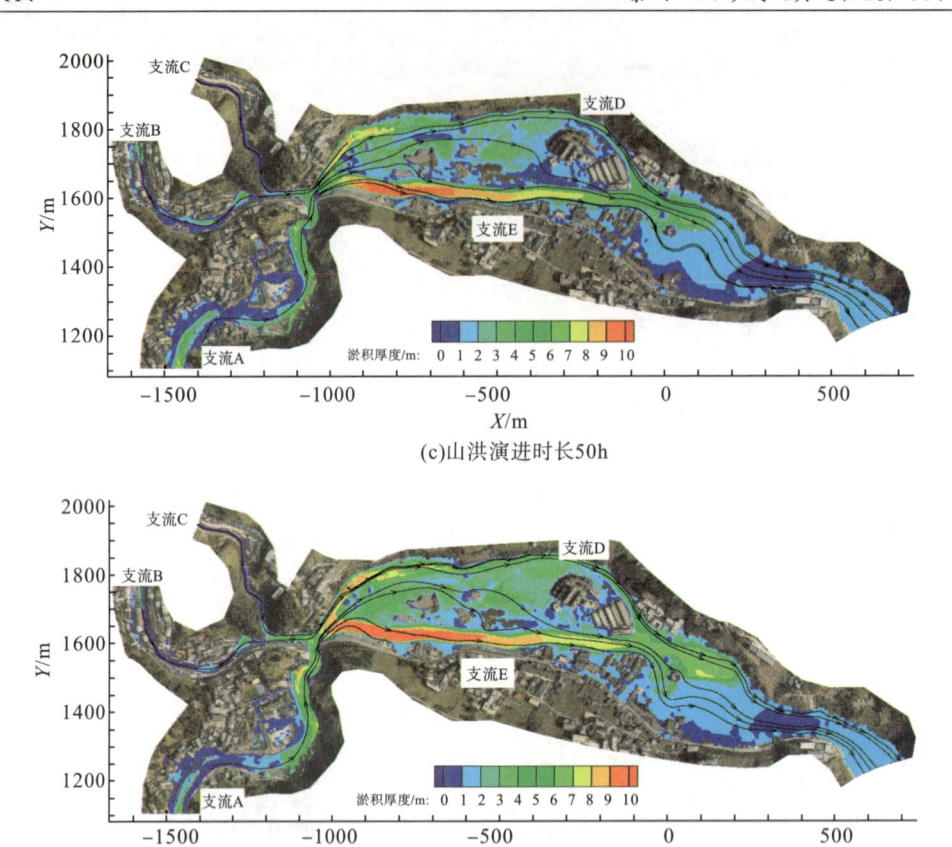

图5.34 寿溪河三江镇河段淤积厚度分布(峰值时段)

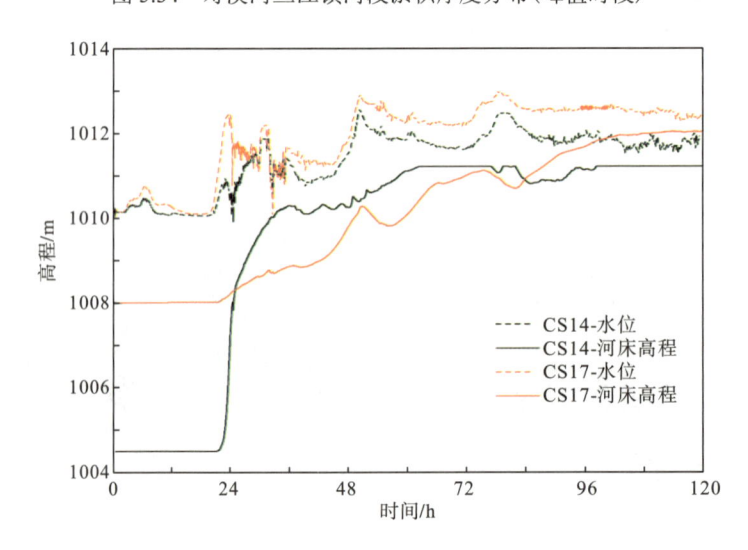

图5.35 寿溪河支流D(CS17)和支流E(CS14)水位及河床高程变化

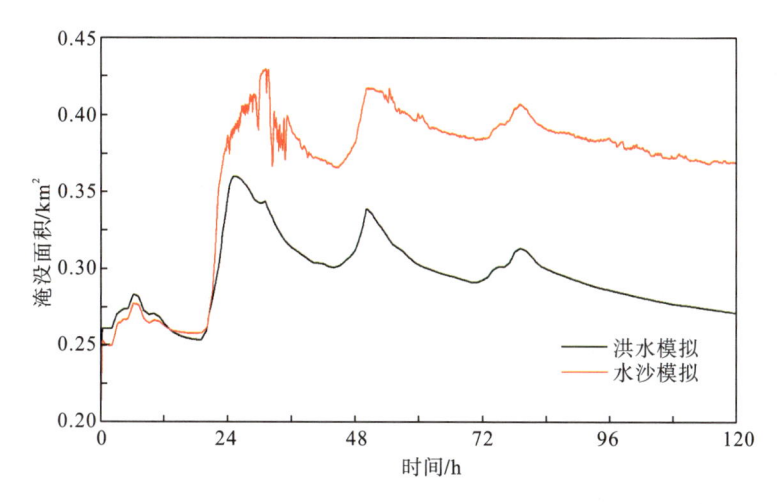

图 5.36　寿溪河三江镇河段山洪洪水与山洪水沙演进淹没面积比较

5.3　四川冕宁彝海镇曹古河"6·26"山洪泥石流模拟

5.3.1　曹古河"6·26"山洪泥石流灾害

曹古乡位于四川省凉山州冕宁县，地处川西南山地与川西北高原过渡地带。地势东高西低，海拔 1999~4648m。地质构造以南北向断裂为控制构造。曹古河发源于小相岭西侧，东西向，经曹古坝，至小盐井入干流，落差 1270m，河长 21km，流域面积 118.9km²。流域属亚热带季风气候，降雨充沛，年平均降水量 1356mm，夏季暴雨频发，1966~1985 年记录暴雨 33 次、大暴雨 4 次。受地质构造、复杂地形及突发降雨的影响，曹古乡山洪泥石流事件多发。例如，2011 年 6 月 16 日彝海镇、曹古乡特大暴雨引发的山洪泥石流灾害致使 2 人死亡、16 人失踪、6500 人受灾。2020 年 6 月 26 日晚，四川省冕宁县境内大部分区域普降暴雨，曹古乡短历时强降雨诱发曹古河上游滑坡及支沟强烈冲刷，固体物质与洪水掺混后形成山洪泥石流。山洪泥石流冲出支沟进入河谷缓坡地带，在河流交汇、宽窄相间及陡变缓河段引发河流分汊改道、沟床淤堵及冲毁淤埋灾害（图 5.37 和图 5.38），造成重大人员伤亡和财产损失。

图 5.37 曹古河"6·26"山洪泥石流灾害(道路冲毁照片)

图 5.38 曹古河"6·26"山洪泥石流灾害(电厂厂房受损照片)

5.3.2 曹古河山洪泥石流演进模拟分析

1. 数值模拟降雨条件

2020年6月26日晚，四川省冕宁县境内大部分区域普降暴雨，曹古乡大马坞村累积雨量为120mm，最大1h雨量达43mm，强降雨诱发大规模山洪泥石流。本书数值模拟采用曹古河流域实测降雨过程（图5.39）。

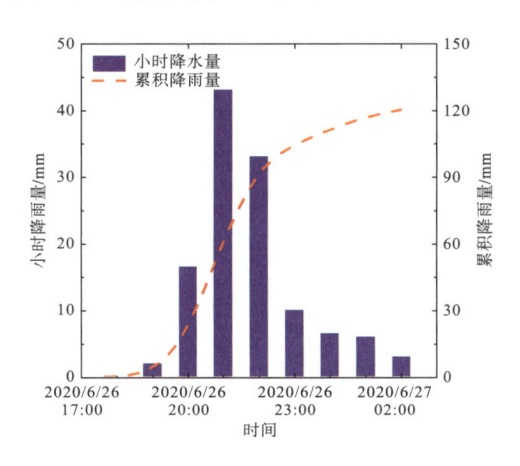

图5.39 曹古河"6·26"山洪泥石流降雨过程

2. 数值模拟计算域条件

采用ArcGIS对曹古河流域划分计算域，模拟网格大小为45m×45m。计算范围包括曹古河流域三条山洪沟，主河道以曹古河大桥作为出口断面。曹古河流域土壤类型主要为砂壤土及壤土，土壤厚度分布如图5.40所示。

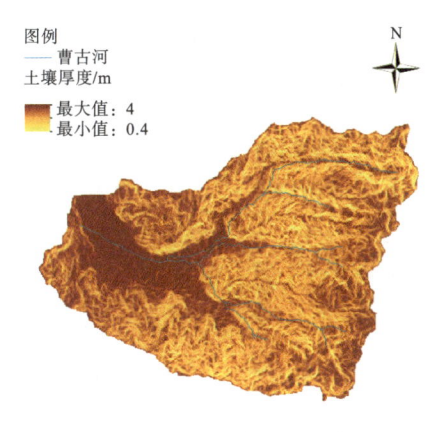

图5.40 曹古河流域土壤厚度分布

基于不同土壤类型的力学参数数据库,确定相关力学参数,见表 5.5。根据曹古河"6·26"山洪泥石流降雨及下垫面条件,估算曹古河流域滑坡体积为 1395 万 m³,滑坡面积为 233 万 m²,滑坡面积占流域总面积的 2.76%,滑坡产沙特性如图 5.41 所示,平均每平方千米方量为 17 万 m³。其中左侧山洪沟物源量较大,最大厚度为 2.4m,最小厚度为 0.4m。

表 5.5 曹古河流域土壤力学参数

参数名称	参数值
凋萎含水率 θ_r	0.10
饱和含水率 θ_s	0.38
参数 α	0.027
饱和导水率 K_s /(mm/s)	2.88×10^{-3}
背景渗透率 I_{ZLT} /(mm/s)	2.88×10^{-5}
水力渗透系数 D_0 /(m²/s)	2.88×10^{-5}
土壤黏聚力 c /kPa	19.9
土壤内摩擦角 ϕ /(°)	16.13
土壤容重 γ /(kN/m³)	15.10

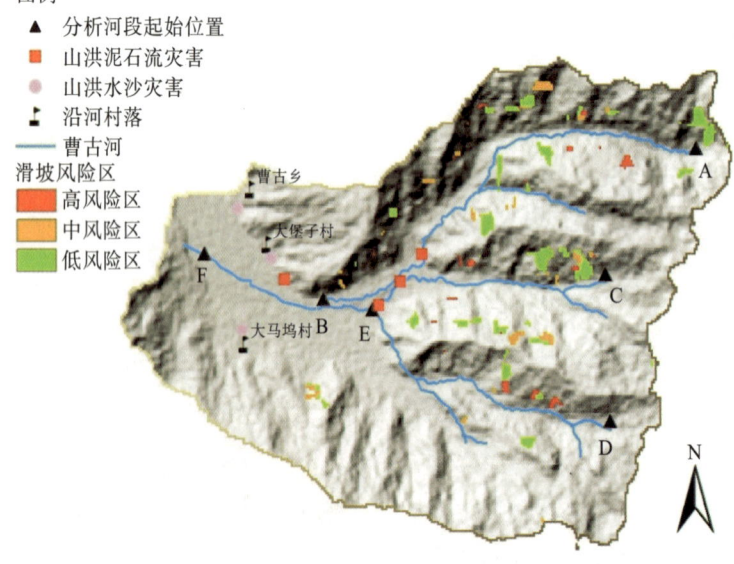

图 5.41 曹古河"6·26"山洪滑坡产沙风险区

3. 山洪泥石流阻力参数

山洪泥石流阻力模型应用较为广泛的主要包括 Manning 模型、Bingham 模型和 Voellmy 模型。其中 Manning 模型适用于山洪洪水及山洪水沙输移，Bingham 模型和 Voellmy 模型可应用于山洪泥石流运动。本书以徐继维等(2016)的泥石流流变参数敏感性分析结果为基础，选用 Voellmy 模型进行模拟，其阻力表达式如下：

$$\tau = \sigma\mu + \frac{\rho g v^2}{\xi} \tag{5.1}$$

式中，τ 表示基底摩阻力，N/m^2；σ 为正应力，N/m^2；ρ 表示流体密度，kg/m^3；g 为重力加速度，m/s^2；μ 为动摩擦系数；v 为运动速度，m/s；ξ 为湍流系数，m/s^2。

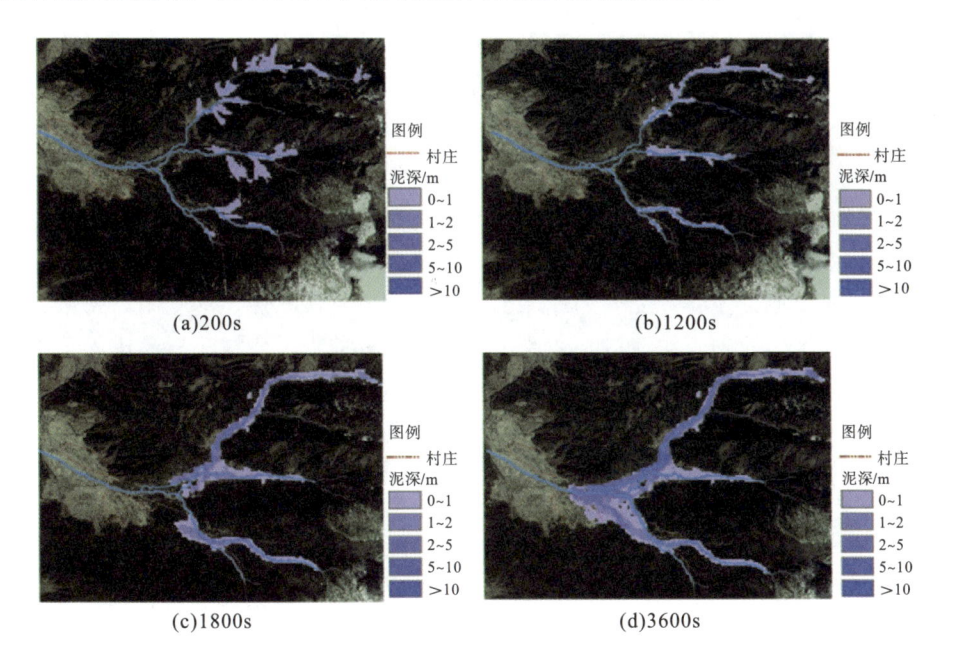

结合曹古河"6·26"山洪泥石流现场调查，假定流体密度 ρ 为 1350kg/m^3，取动摩擦系数 μ 为 0.3，湍流系数为 300。

4. 山洪泥石流演进分析

为了分析曹古河流域"6·26"山洪泥石流演进特征，采用第 4 章建立的滑坡产沙估算方法和山洪泥石流模型，模拟该小流域在暴雨作用下的滑坡产沙及山洪泥石流演进过程，图 5.42 为不同时刻的山洪泥石流泥深变化。

(a) 200s

(b) 1200s

(c) 1800s

(d) 3600s

(e)4500s　　　　　　　　　　　　　　(f)5400s

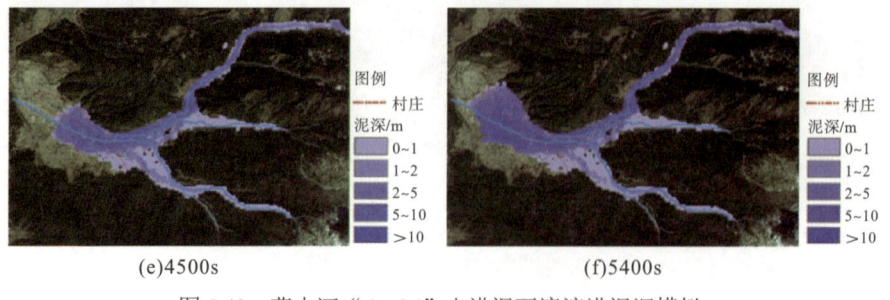

图 5.42　曹古河"6·26"山洪泥石流演进泥深模拟

由图 5.42 可知，暴雨初期滑坡泥沙由坡面逐渐向沟道内迁移，泥沙进入沟道后开始淤积。山洪泥石流演进 1200s 时坡面泥沙进入沟道，并在沟道内迅速堆积，泥深持续增加。1800s 时山洪沟泥深超过 1m，局部区域泥深超过 6m，三条沟道淤积情况大体类似，整体均未冲出山洪沟。3600s 时山洪沟泥深最深高达 5m，左侧两沟道山洪泥石流汇合后，在沟口产生淤积，使山洪泥石流溢出原有山洪沟，受河道展宽及弯曲段河堤冲毁影响，山洪泥石流运动发生横向摆动，即山洪泥石流改道流向大马坞村。4500s 后山洪泥石流向大马坞村演进，同时向曹古河下游输移，沟道泥深超过 2m，河道两侧农田淤积最大泥深超过 5m。5400s 时山洪泥石流流经曹古河大桥河段，向下游河道输移。此时，山洪泥石流输移引起的淤床漫滩显著，滩地平均泥深 1～2m。山洪泥石流模拟演进泥深与实地调查基本相符。例如，山洪泥石流漫滩改道造成大马坞村大量房屋受损，最大泥深超过 4m，下游大堡子村农田淤沙严重，多处淤积厚度超过 1m。

由现场调查可知，此次山洪泥石流流速大，造成河道严重冲毁，山洪泥石流演进流速变化如图 5.43 所示。数值模拟表明，降雨初期引起的滑坡产沙从坡面向山洪沟内迁移，坡面最大流速超过 6m/s。山洪泥石流演进 600s 后在沟道内产生淤堵，运移速度相对较慢，沟道山洪泥石流平均流速小于 2m/s。1200s 时山洪泥石流在沟道内输移明显，流速增加并向下游高速运动。其中，北侧两条山洪沟的山洪泥石流在交汇处汇合，受交汇洲滩影响，南侧山洪泥石流运动受阻，并未流入山洪沟交汇区，而向下游演进。北侧山洪沟物源量较大，山洪泥石流进入沟道流速较大，最大流速超过 7m/s。2400s 时三条沟道形成的山洪泥石流在大马坞村附近汇合，由于河道比降变缓，速度大幅降低，平均流速相比沟道内大大减小，平均流速低于 1m/s，使大量泥沙淤积，淤堵河道和淤埋村庄农田。3600s 后淤积河床不断抬升，从而引发山洪泥石流改道及淤埋灾害。

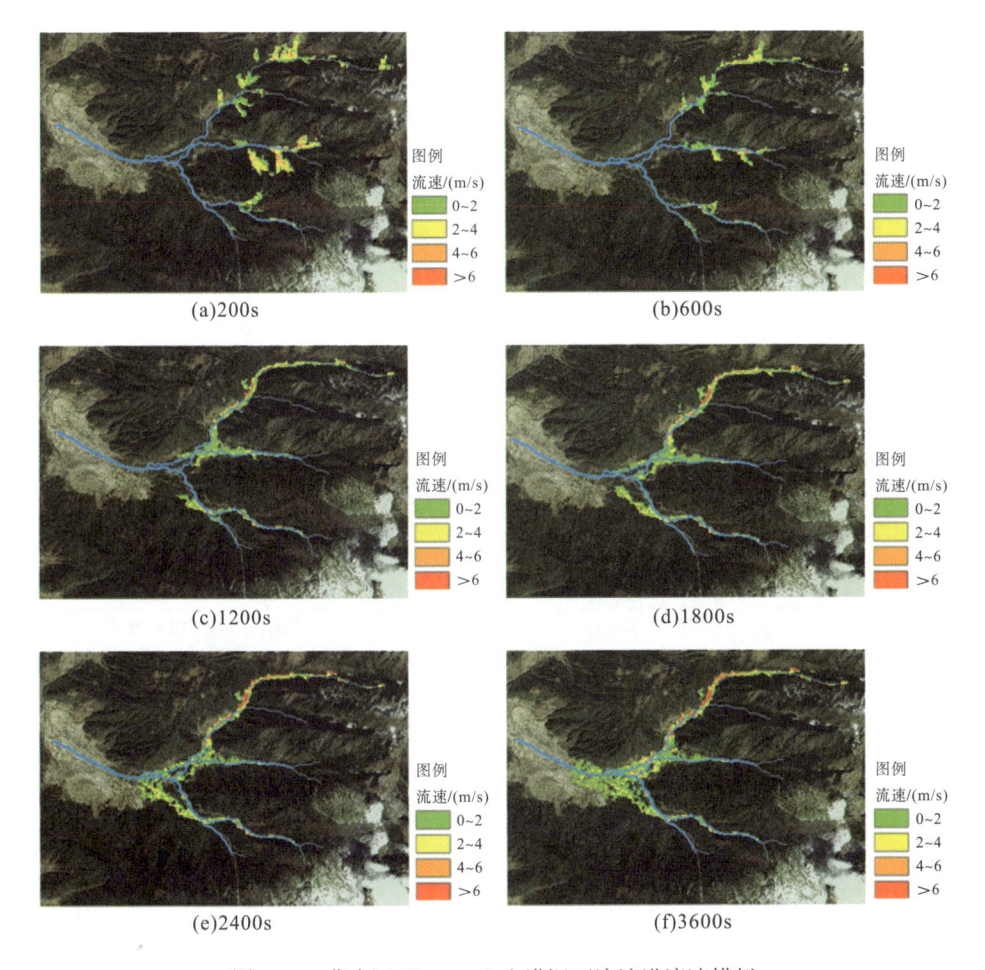

图 5.43 曹古河 "6·26" 山洪泥石流演进流速模拟

为进一步了解曹古河 "6·26" 山洪泥石流演进特征，对不同流段的山洪泥石流深度演化进行分析。其中 AB 段为曹古河北边山洪沟，CE 段为中间山洪沟，DE 段为南边山洪沟，EF 段为交汇口至曹古河大桥出口段，如图 5.41 所示。

AB 段山洪沟长度接近 9700m，沟道两边滑坡物源分布广泛。1200s 时山洪泥石流运动至沟口位置，随时间增加，沟道内山洪泥石流泥深由上游至下游不断增加，3600s 后泥深趋于稳定，最大泥深在山洪沟弯曲段，如图 5.44 所示。CE 段山洪沟道长约 4300m，沟道两侧存在滑坡物源。受滑坡产沙影响，上游滑坡分布密集的河段泥深较大，最大泥深超过 2.0m。随着山洪泥石流向下游输移，1200s 时山洪泥石流演进至沟道出口，随后泥深增加明显。由于沟道下游交汇区比降大幅减小，泥沙淤床更为突出，山洪泥石流泥深最大值为 5.0m，如图 5.45 所示。DE 段全长约 5100m，沟道区域滑坡产沙较少，平均泥深约 1.5m，最大泥深大于

3.0m，如图 5.46 所示。EF 段为山洪沟交汇口至曹古河大桥，河道两侧无明显滑坡产沙补给。1800s 时山洪泥石流进入主河道 EF 段，并逐渐向下游移动，泥深随时间增加。3600s 时山洪泥石流演进至大马坞村附近，河道中最大泥深为 5.7m。5400s 时山洪泥石流到达曹古河大桥河段，河岸边村庄附近淤积严重，河道中下游淤积厚度最大可达 9.0m，如图 5.47 所示。

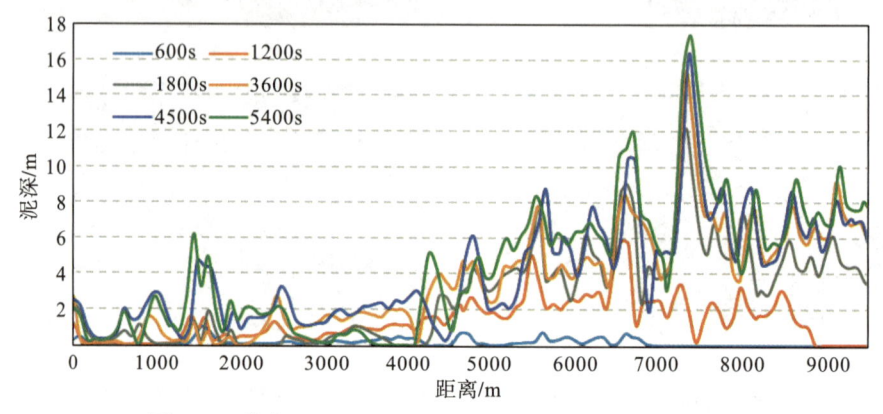

图 5.44　曹古河"6·26"山洪泥石流演进 AB 段泥深模拟

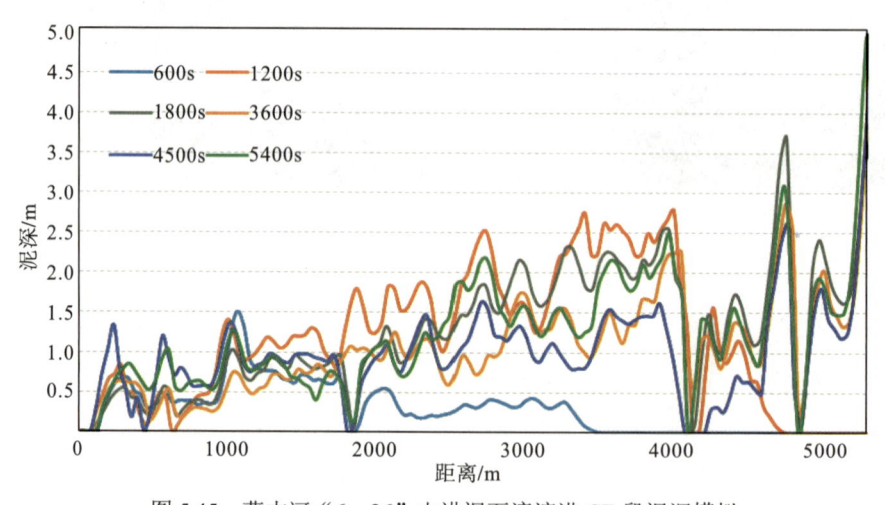

图 5.45　曹古河"6·26"山洪泥石流演进 CE 段泥深模拟

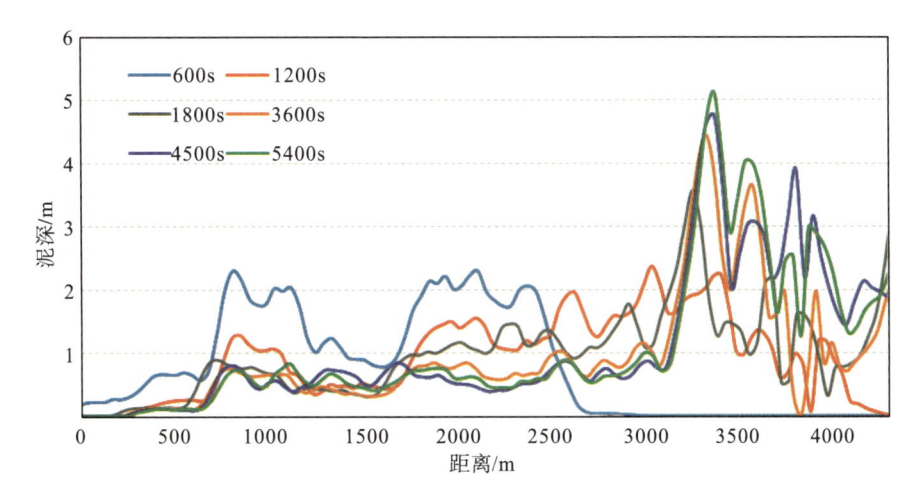

图 5.46 曹古河"6·26"山洪泥石流演进 DE 段泥深模拟

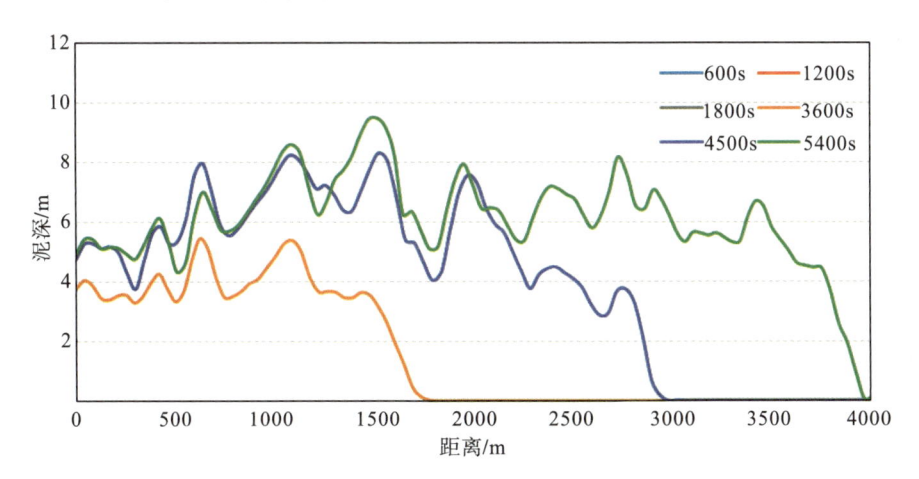

图 5.47 曹古河"6·26"山洪泥石流演进 EF 段泥深模拟

参 考 文 献

白艺彤, 宋东日, 2021.泥石流造床运动的实验研究[J]. 山地学报, 39(3):346-355.

芮孝芳, 2004. 水文学原理[M]. 北京: 中国水利水电出版社.

曹叔尤, 刘兴年, 王文圣, 2013. 山洪灾害及减灾技术[M]. 成都: 四川科学技术出版社.

陈家琦, 张恭肃, 2005. 推理公式汇流参数 m 值查用表的补充[J]. 水文, 4: 37-38.

陈隆勋, 朱乾根, 罗会邦, 等, 1991. 东亚季风[M]. 北京: 气象出版社.

陈宁生, 刘美, 刘丽红, 2018. 关于山洪与泥石流灾害及其流域性质判别的讨论[J]. 灾害学, 33(1): 39-43, 64.

程思, 2015. 都江堰市龙溪河流域震后多沟同发泥石流危险性及易损性研究[D]. 成都: 成都理工大学博士学位论文.

崔鹏, 韦方强, 陈晓清, 2008. 汶川地震次生山地灾害及其减灾对策[J].中国科学院院刊, 23(4): 317-323.

迪尔恩巴乌姆,1958. 居民区山洪的防治[M]. 杨枫, 李定, 译. 北京: 水利出版社.

方铎,曹叔尤,刘兴年, 等, 1987. 卵石河流库区推移质运动数学模型[J]. 成都科技大学学报,34(2):7-16.

伏耀龙,张兴昌,王金贵, 2012. 岷江上游干旱河谷土壤粒径分布分形维数特征[J].农业工程学报, 28(5):120-125.

李细生, 刘红年, 张华, 等, 2006. 湖南"5·31"特大暴雨山洪成因及对策[J]. 水土保持研究, 13(4):68-71.

李中平, 毕宏伟, 张明波, 2007. 我国山洪灾害高易发降雨区分布研究[J]. 中国水利, 39(14): 61-63.

刘昌军, 文磊, 周剑, 等, 2019. 小流域暴雨山洪水文模型与水动力学方法计算比较分析[J]. 中国水利水电科学研究院学报, 17(4):262-278.

刘传正, 苗天宝, 陈红旗, 等, 2011. 甘肃舟曲 2010 年 8 月 8 日特大山洪泥石流灾害的基本特征及成因[J]. 地质通报, 30(1):141-150.

毛冬艳, 曹艳察, 朱文剑, 等, 2018. 西南地区短时强降水的气候特征分析[J]. 气象, 44(8): 1042-1050.

何秉顺, 2022. 河南郑州山区 4 市"7·20"特大暴雨灾害调查的思考与建议[J]. 中国防汛抗旱, 32(3): 37-40, 51.

潘佳佳, 曹志先, 王协康, 等, 2012. 暴雨山洪水动力学模型及其简化模型的比较研究[J]. 四川大学学报(工程科学版), 44(增刊 1): 77-82.

钱宁, 万兆惠, 2003. 泥沙运动力学[M]. 北京: 科学出版社.

钱群, 冉启华, 2012. 龙门山区小流域降雨产流数值模拟研究[J]. 水利学报, S2:35-40.

宋云天, 曾鑫, 张禹, 等, 2019. 泥沙输移对山洪特征值时空分布的影响——以北京"7·21"山洪为例[J]. 清华大学学报(自然科学版), 59(12): 990-998.

水利部水文局, 南京水利科学研究院, 2006. 中国暴雨统计参数图集[M]. 北京: 中国水利水电出版社.

孙东亚, 2020. 新时期全国山洪灾害防治项目建设若干思考[J]. 中国防汛抗旱, 30(9/10):18-21.

孙军, 张福青, 2017. 中国日极端降水和趋势[J]. 中国科学:地球科学, 47(12):1469-1482.

涂勇,吴泽斌,何秉顺,2020. 2011—2019 年全国山洪灾害事件特征分析[J]. 中国防汛抗旱, 30(9/10): 22-25.

王江锋,郭林芳,杜春雪, 等, 2019. 含水率和干密度对砂壤土抗剪强度的影响[J].人民珠江, 40(3):19-22.

王礼先, 于志民, 2001. 山洪及泥石流灾害预报[M]. 北京: 中国林业出版社.

王协康,刘兴年,周家文,2019.泥沙补给突变下的山洪灾害研究构想和成果展望[J].工程科学与技术,51(4):1-10.

王协康, 刘兴年, 黄尔, 等, 2020. 一种适用于不同类型暴雨山洪致灾的沟床水位预警方法[P]. 发明专利, 专利号: ZL201810187314.5, 中华人民共和国国家知识产权局.

王协康, 刘兴年, 闫旭峰, 等, 2021a. 基于山区小流域暴雨山洪水位上涨变化的水位预警方法[P]. 发明专利, 专利号: ZL201910160560.6, 中华人民共和国国家知识产权局.

王协康, 杨坡, 孙桐, 等, 2021b. 山区小流域暴雨山洪灾害分区预警研究[J]. 工程科学与技术, 53(1):29-38.

王志福, 钱永甫, 2009. 中国极端降水事件的频数和强度特征[J]. 水科学进展, 20(1):1-9.

夏军, 2002. 水文非线性系统理论与方法[M]. 武汉:武汉大学出版社.

谢洪, 钟敦伦, 王士革, 等, 1997. 1995年康定城区洪灾成因分析[J]. 山地研究, 15(2): 129-131.

熊俊楠, 李进, 程维明, 等, 2019. 西南地区山洪灾害时空分布特征及其影响因素[J]. 地理学报, 74(7): 1374-1391.

徐继维, 张茂省, 于国强, 2016. 泥石流流变参数敏感性分析[J]. 工程地质学报, 24(6):1056-1063.

徐在庸, 1981. 山洪及其防治[M]. 北京: 水利出版社.

颜阁, 梁收运, 赵红亮, 2017. 基于GIS的斜坡单元划分方法改进与实现[J].地理科学, 37(11): 1764-70.

闫旭峰, 许泽星, 孙桐, 等, 2021. 山区河流宽窄相间河段山洪水沙输移2维数值试验[J]. 工程科学与技术, 53(6):1-7.

余钟波, 2006. 水文模型系统在峨眉河流域洪水模拟中的应用[J]. 水科学进展, 17(5):645-652.

翟晓燕, 郭良, 刘荣华, 等, 2020. 中国山洪水文模型研制与应用:以安徽省中小流域为例[J]. 应用基础与工程科学学报, 28(5): 1018-1036.

张平仓, 赵健, 胡惟志, 等, 2009. 中国山洪灾害防治区划[M]. 武汉:长江出版社.

张琪, 李跃清, 2014. 近48年西南地区降水量和雨日的气候变化特征[J]. 高原气象, 33(2): 372-383.

周亮, 裘峰, 王丽萍, 2021. 贵州正安县"2020.6.12"特大山洪事件反思[J]. 中国防汛抗旱, 319(1):35-37, 42.

Allen R G, Pereira L S, Raes D, et al, 1998. Crop evapotranspiration-Guidelines for Computing Crop Water Requirements FAO Irrigation and Drainage Paper 56[R]. FAO-Food and Agriculture Organization of the United Nations, Rome. https://www.fao.org/3/X0490E/x0490e00.htm.

Aston A R, 1979. Rainfall interception by eight small trees[J]. Journal of Hydrology, 42:383-396.

Aureli F, Maranzoni A, Mignosa P, et al, 2008. A weighted surface-depth gradient method for the numerical integration of the 2D shallow water equations with topography[J]. Advances in Water Resources, 31(7): 962-974.

Baum R L, Savage W Z, Godt J, 2008. TRIGRS-A Fortran Program for Transient Rainfall Infiltration and Grid-Based Regional Slope-Stability Analysis, Version 2.0[R]. US Geological Survey Open-File Report.

Beguería S, Van Asch Th W J, Malet J P, et al, 2009. A GIS-based numerical model for simulating the kinematics of mud and debris flows over complex terrain[J]. Natural Hazards and Earth System Sciences, 9(6):1897-1909.

Bermudez A, Vazquez M E, 1994. Upwind methods for hyperbolic conservation laws with source terms[J]. Computers & Fluids, 23(8): 1049-1071.

Beven K J, Kirkby M J, 1979. A physically based, variable contributing area model of basin hydrology / Un modèle à base physique de zone d'appel variable de l'hydrologie du bassin versant[J]. Hydrological Sciences-Bulletin, 24(1):43-69.

Blöschl G, Hall J, Viglione A, et al, 2019. Changing climate both increases and decreases European river floods[J]. Nature, 573(7772):108-111.

Bollati I M, Pellegrini L, Rinaldi M, et al, 2014. Reach-scale morphological adjustments and stages of channel evolution: the case of the Trebbia River (northern Italy) [J]. Geomorphology, 221: 176-186.

Borga M, Boscolo P, Zanon F, et al, 2007. Hydrometeorological Analysis of the 29 august 2003 Flash Flood in the Eastern Italian Alps[J]. Journal of Hydrometeorology, 8(5): 1049-1067.

Buttner O, Otte-Witte K, Kruger F, et al, 2006. Numerical modelling of floodplain hydraulics and suspended sediment transport and deposition at the event scale in the middle river Elbe, Germany[J]. Acta hydrochimica et hydrobiologica, 34(3):265-278.

Carsel R F, Parrish R S, 1988. Developing joint probability-distributions of soil-water retention characteristics[J]. Water Resources Research, 24(5): 755-769.

Chang M, Tang C, Ni H Y, et al, 2015. Evolution process of sediment supply for debris flow occurrence in the Longchi area of Dujiangyan City after the Wenchuan earthquake[J]. Landslides, 12(3): 611-623.

Chen R D, Shao S D, Liu X N, 2015. Water-sediment flow modeling for filed case studies in Southwest China[J]. Natural Hazards, 78(2):1197-1224.

Chen S, Li Y, Tian Z, et al, 2019. On Dam-Break Flow Routing in Confluent Channels[J]. International Journal of Environmental Research and Public Health, 16(22):4384.

Chen H Y, Cui P, Zhou G G D, et al, 2014. Experimental study of debris flow caused by domino failures of landslide dams[J]. International Journal of Sediment Research, 29(3):414-422.

Chiari M, Friedl K, Richenmann D, 2010. A one dimensional bedload transport model for steep slopes[J]. Journal of Hydraulic Research, 48: 152-160.

Chow V T, Maidment D R, Mays L W, 1988. Applied Hydrology[M]. New York: McGraw-Hill Book Company.

De Jong S M, Jetten V G, 2007. Estimating spatial patterns of rainfall interception from remotely sensed vegetation indices and spectral mixture analysis[J]. International Journal of Geographical Information Science, 21(5):529-545.

Diakakis M, Andreadakis E, Nikolopoulos E I, et al, 2019. An integrated approach of ground and aerial observations in flash flood disaster investigations. the case of the 2017 Mandra flash flood in Greece[J]. International Journal of Disaster Risk Reduction, 33: 290-309.

Dong B L, Xia J Q, Zhou M R, et al, 2021. Experimental and numerical model studies on flash flood inundation processes over a typical urban street [J]. Advances in Water Resources, 147:103824.

Fenn C R, Bettess R, Golding B, et al, 2005. The boscastle flood of 16 august 2004: characteristics, causes and consequences[C]// Proceedings of 40th Defra Flood and Coastal Management Conference, HRPP 341, University of York, UK.

Francalanci S, Paris E, Solari L, 2013. A combined field sampling-modeling approach for computing sediment transport during flash floods in a gravel-bed stream[J]. Water Resources Research, 49:6642-6655.

Gardner W R, 1958. Some steady-state solutions of the unsaturated moisture flow equation with application to evaporation from a water table[J]. Soil Science, 85(4): 228-232.

Gaume E, Bain V, Bernardara P, et al, 2009. A compilation of data on European flash floods [J]. Journal of Hydrology, 367: 70-78.

Glickman, T S, 2000. Glossary of Meteorology[M]. Boston: American Meteorological Society.

Gómez J A, Giráldez J V, Fereres E, 2001. Rainfall interception by olive trees in relation to leaf area[J]. Agricultural Water Management, 49(1-2):65-76.

Green W H, Ampt G A, 1911. Studies on soil phyics, Part I-the flow of air and water through soils[J]. The Journal of Agricultural Science, 4:1-24.

Hu C H, Guo S L, Xiong L H, et al, 2005. A modified Xinanjiang model and its application in northern China[J]. Hydrology Research, 36(2):175-192.

Hungr O, 1995. A model for the runout analysis of rapid flow slides, debris flows, and avalanches[J]. Canadian Geotechnical Journal, 32(4):610-623.

Iverson R M, 2000. Landslide triggering by rain infiltration[J]. Water Resources Research, 36(7): 1897-910.

Iverson R, Ouyang C, 2015. Entrainment of bed material by Earth-surface mass flows: review and reformulation of depth-integrated theory[J]. Reviews of Geophysics, 53:27-58.

Khosronejad A, Flora K, Zhang Z X, et al, 2020. Large-eddy simulation of flash flood propagation and sediment transport in a dry-bed desert stream [J]. International Journal of Sediment Research, 35:576-586.

Kirstetter G, Delestre O, Lagrée P Y, et al, 2021. B-flood 1.0: an open-source Saint-Venant model for flash-flood simulation using adaptive refinement [J]. Geoscientific Model Development, 14:7117-7132.

Kotlyakov V M, Desinov L V, Dolgov S V, et al, 2013. Flooding of July 6-7, 2012, in the town of Krymsk[J]. Regional Research of Russia, 3(1): 32-39.

Li W J, Lin K R, Zhao T T G, et al, 2019. Risk assessment and sensitivity analysis of flash floods in ungauged basins using coupled hydrologic and hydrodynamic models[J]. Journal of Hydrology, 572: 108-120.

Liu W, He S M, 2017. Simulation of two-phase debris flow scouring bridge pier[J]. Journal of Mountain Science, 14(11):2168-2181.

Liu W, Yang Z J, He S M, 2021. Modeling the landslide-generated debris flow from formation to propagation and run-out by considering the effect of vegetation[J]. Landslides, 18:43-58.

Liu Y S, Yang Z S, Huang Y H, et al, 2018. Spatiotemporal evolution and driving factors of China's flash flood disasters since 1949[J]. Science China-Earth Sciences, 61(12):1804-1817.

Mahmood S, Rahman AU, 2019. Flash flood susceptibility modelling using geomorphometric approach in the Ushairy Basin, eastern Hindu Kush [J]. Journal of Earth System Science, 128(4): 97.

Munir B A, Iqbal J, 2016. Flash flood water management practices in Dera Ghazi Khan City (Pakistan): a remote sensing and GIS prospective[J]. Natural Hazards, 81:1303-1321.

Nguyen P, Thorstensen A, Sorooshian S, et al, 2016. A high resolution coupled hydrologic-hydraulic model (HiResFlood-UCI) for flash flood modeling[J]. Journal of Hydrology, 541 (S1): 401-420.

NOAA. 2010. Flash Flood Early Warning System Reference Guide[R]. University Corporation for Atmospheric Research,

Denver.

O'Brien J S, Julien P Y, Fullerton W, 1993. Two-dimensional water flood and mudfloodsimulation[J]. Journal of Hydraulic Engineering, 119: 244-260.

Oleyiblo J O, Li Z J, 2010. Application of HEC-HMS for flood forecasting in Misai and Wan'an catchments in China[J]. Water Science and Engineering, 3(1):14-22.

Ouyang C, He S, Xu Q, et al, 2013. A MacCormack-TVD finite difference method to simulate the mass flow in mountainous terrain with variable computational domain[J]. Computers & Geosciences, 52:1-10.

Papanicolaou A, Bdour A, Wicklein E, 2004. One-dimensional hydrodynamic/sediment transport model applicable to steep mountain streams[J]. Journal of Hydraulic Research. 42:357-375.

Parker R N, Densmore A L, Rosser N J, et al, 2011. Mass wasting triggered by the 2008 Wenchuan earthquake is greater than orogenic growth[J]. Nature Geoscience, 4(7): 449-452.

Pudasaini S P, Mergili M, 2019. A multi-phase mass flow model[J]. Journal of Geophysical Research: Earth Surface, 124(12):2920-2942.

Pudasaini S P, 2012. A general two-phase debris flow model[J]. Journal of Geophysical Research: Earth Surface, 117: F03010. https://doi.org/10.1029/2011JF002186.

Pudasaini S P, 2020. A full description of generalized drag in mixture mass flows[J]. Engineering Geology, 265:105429.

Rai P K, Dhanya C T, Chahar B R, 2018. Coupling of 1D models (SWAT and SWMM) with 2D model (iRIC) for mapping inundation in Brahmani and Baitarani river delta[J]. Natural Hazards, 92:1821-1840.

Rawls W J, Brakensiek D L, 1982. Estimating soil-water retention from soil properties[J]. Journal of the Irrigation and Drainage Division-ASCE, 108(2): 166-171.

Rickenmann D, Badous A, Hunzinger L, 2016. Significance of sediment transport processes during piedmont floods: The 2005 flood events in Switzerland[J]. Earth Surface Processes and Landforms, 41(2):224-230.

Roca M, Davison M, 2010. Two dimensionalmodel analysis of flash flood processes: application tothe Boscastle event [J]. Journal of Flood Risk Management, 3:63-71.

Saber M, Abdrabo K I, Habiba O M, et al., 2020. Impacts of triple factors on flash flood vulnerability in egypt: urban growth, extreme climate, and mismanagement[J]. Geosciences, 10(1): 24. doi:10.3390/geosciences10010024.

Saulnier G M, Beven K, Obled C, 1997. Including spatially variable effective soil depths in TOPMODEL[J]. Journal of Hydrology, 202(1-4): 158-172.

Skaggs RW, Khaleel R, 1982. Infiltration, Hydrologic Modeling of Small Watersheds[M]. Michgan: American Society of Agricultural Engineers.

Šimůnek J, Genuchten M, Šejna M, 2005. The HYDRUS-1D Software Package for Simulating the One-dimensional Movement of Water, Heat, and Multiple Solutes in Variably Saturated Media[R]. HYDRUS Software Series I, Department of Environmental Sciences, University of California Riverside, Riverside, CA.

Sovilla B, Margreth S, Bartelt P, 2007. On snow entrainment in avalanche dynamics calculations[J]. Cold Regions Science & Technology, 47(1/2):69-79.

Thiessen A H, 1911. Precipitation averages for large areas[J]. Monthly Weather Review, 39(7): 1082-1089.

Todini E, Ciarapica L, 2001. The TOPKAPI Model. In: Singh VP (ed) Mathematical Models of Large Watershed Hydrology, Chapter 12[M]. Littleton Water Resources Publications.

Toro E F, 2001. Shock-Capturing Methods for Free-Surface Shallow flows[M]. New York: Wiley.

Van Genuchten M Th, 1980. A closed-form equation for predicting the hydraulic conductivity of unsaturated soils[J]. Soil science society of America journal, 44:892-898.

Vincendon B, Ducrocq V, Saulnier G M, et al., 2010. Benefit of coupling the ISBA land surface model with a TOPMODEL hydrological model version dedicated to Mediterranean flash-floods[J]. Journal of Hydrology, 394(1-2):256-266.

Von Hoyningen-Huene J, 1981. Die Interzeption des Niederschlags in landwirtschaftlichen Pflanzenbeständen[M]. Braunschweig: Arbeitsbericht Deutscher Verband für Wasserwirtschaft und Kulturbau.

Wallemacq P, House R, 2018. Economic Losses, Poverty and Disasters 1998-2017[R]. UNDRR and CRED, Geneva. DOI: 10.13140/RG.2.2.35610.08643.

Wang X K, Yan X F, Duan H F, et al, 2019. Experimental study on the influence of river flow confluences on the open channel stage-discharge relationship [J]. Hydrological Sciences Journal, 64(16):2025-2039.

World Meteorological Organization (WMO), 2009. Guide to Hydrological Practices Volume II Management of Water Resources and Application of Hydrological Practices[R]. Geneva.

Zaharia L, Costache R, Pravalie R, et al, 2017. Mapping flood and flooding potential indices: a methodological approach to identifying areas susceptible to flood and flooding risk[J]. case study: the Prahova catchment (Romania). Frontiers of Earth Science, 11(2):229-247.